Uwe Sönnichsen / Hans-Werner Staritz

Trutz, blanke Hans

Bilddokumentation der Flutkatastrophen 1962 und 1976
in Schleswig-Holstein und Hamburg

HUSUM DRUCK- UND VERLAGSGESELLSCHAFT
HUSUM

Umschlagbilder: Siehe Seiten 25 und 26

© 1978 by Husum Druck- und Verlagsgesellschaft mbH u. Co. KG,
Husum
Gesamtherstellung:
Husum Druck- und Verlagsgesellschaft
Postfach 1480, 2250 Husum
ISBN 3-88042-055-6

Geschichtlicher Rückblick

Kein Gebiet Deutschlands hat in den letzten 1000 Jahren so viele Naturkatastrophen erlebt wie die Inseln und Marschen der Nordseeküste, besonders in Nordfriesland. Die Skizze 1 zeigt unsere Heimat um 1240. Zur Orientierung ist der heutige Küstenverlauf in Rot eingezeichnet. Sylt, Föhr, Amrum, Pellworm, Nordstrand, die Halligen sowie die Halbinsel Eiderstedt sind zu erkennen. Sichtbar wird dabei das Gebiet, das seit der Mitte des 14. Jahrhunderts untergegangen ist. Im 11. Jahrhundert begann man auf Sylt mit dem Bau der St.-Severin-Kirche zu Keitum. Der Baumeister dieser Kirche konnte mit seinem Pferd von hier bis Nieblum auf Föhr reiten, wo der Friesendom gebaut wurde. Dann führte ihn der Weg weiter nach Pellworm. Dort hatte er seine dritte Baustelle, und die vierte Kirche errichtete er zur gleichen Zeit in Tating bei St. Peter-Ording. Der Platz für diese Gotteshäuser war in gerader Flucht hintereinander vermessen. Ebenso geradlinig war auch die Verbindung zwischen ihnen — sie führte über Land!

Touristen, die über den 1927 eingeweihten Hindenburgdamm die Insel Sylt erobern, staunen über die Landgewinnungsfelder, die sich in das Wattenmeer hinausschieben und die sich vom Festland und der Insel entgegenwachsen. Viele wissen gar nicht, daß sie keinen Sieg über die Nordsee bedeuten; denn der Friese holt sich in mühevoller, geduldiger Arbeit nur zurück, was ihm an wertvollem Kulturland von todbringenden Fluten geraubt worden ist. Diese Karte beweist: Zu beiden Seiten des Dammes war Land, der westliche Ausläufer der Wiedingharde. Harden sind alte friesische Gerichtsbezirke. Hier lagen die Dörfer Wellum, Wippenbüll, Krummhörn, Südhörn und Rickelsbüll. 1593 hatte die See bereits die Kirche erreicht, die 2,6 km westlich von Rodenäs stand. Am Weihnachtsabend wurden bei einer Flut über 30 Särge aus dem Erdreich gerissen. Schließlich wurde Rickelsbüll 1615 vollständig überflutet und nicht wieder aufgebaut. Zwei Kilometer von der Uferpromenade Westerlands entfernt, wo heute das Meer regiert, lag damals ein großes Kirchspieldorf: Eidum. Ihm benachbart waren die Ortschaften Hantum und das alte Rantum mit der Westerseekirche. Als Sylts bester Hafen an der Westküste galt Wendingstadt. Von hier zogen die Angelsachsen und Jüten aus, England zu erobern.

Skizze 1:
Rekonstruktion der Westküste Nordfrieslands um das Jahr 1240 durch Joh. Mejer. Er zeichnete u. a. die Karte für Danckwerths „Neue Landesbeschreibung" im Jahre 1652. Der heutige Küstenverlauf ist rot eingezeichnet.

Überall das gleiche Bild: Zwischen Dörfern, Städten und Häfen zog der Pflug über das niedrige, von Wasserläufen zerteilte Land. Am größten dieser Ströme, der Hever, blühte damals nahe der heutigen Hallig Südfall das sagenumwobene Rungholt mit etwa 6000 Einwohnern in der Rungholt- und Edomsharde. Dieser bedeutende Umschlagplatz des Nordens trieb Handel mit Flandern, besonders mit Brügge, und stand kurz vor der Verleihung der Stadtrechte. Weiter im Süden hatten die Eiderfriesen zu Beginn des 14. Jahrhunderts das Kunststück fertiggebracht, drei Inseln miteinander zu verbinden und so die Halbinsel Eiderstedt zu schaffen.

Am 16. Januar 1362 wurde dieses Nordfriesland in einer furchtbaren Sturmflut zerschlagen. Das Land zwischen Sylt und dem Festland ging unter, Rungholt versank in den Fluten der Nordsee. Zwischen der Elbe und der jütländischen Küste sollen bei dieser „1. Groten Mandrenke" über 100 000 Menschen ertrunken sein. Mit ihren Verheerungen setzte die Auflösung des alten Nordfrieslands ein. Sie wurde zum Schrittmacher für alle kommenden Zerstörungen. Das genaue Ausmaß dieser Katastrophe ist nicht bekannt und läßt sich im Rückblick auch

nicht mehr erschließen. Zu viele Sturmfluten hatte es in dem „Unglücksjahrhundert der Uthlande" vorher schon gegeben, so vor allem in den Jahren 1300 und 1338, als die Hever zur Eider durchbrach und die gerade bedeichte Halbinsel Eiderstedt zur Insel werden ließ. Die Husumer Au floß jetzt in den Heverstrom und schaffte damit die Voraussetzung, daß nunmehr Husum die neue Hafenstadt werden konnte. Ein Tönninger Archiv nennt für dieses Jahrhundert insgesamt 15 sehr schwere Fluten, die fruchtbaren Marschboden abrissen und Opfer über Opfer forderten. Die größte wird 1362 gewesen sein, doch ist sicher nicht alles in nur einer Nacht untergegangen. Das genaue Sturmflutdatum kann wohl nur als ein Symbol für das mittelalterliche Schicksal unserer Westküste gewertet werden.

Ohnehin ist es nicht möglich, alle Überlieferungen aus dem Dunkel vergangener Jahrhunderte als wissenschaftlich gesichert zu betrachten. Viele Angaben bleiben so unzuverlässig, daß man sie nicht beim Wort nehmen darf; sonst gelangt man nämlich zu einem falschen Ergebnis bei der Frage, ob in der Gegenwart die Gefahr für Schleswig-Holstein durch Sturmfluten zugenommen hat. Niemand bestreitet, daß seit Beginn

7

der Geschichtsschreibung sicherlich kein Jahrhundert vergangen ist, in dem die Nordseeküste nicht von mindestens einer ausgesprochenen Sturmflutkatastrophe heimgesucht wurde. Von einzelnen hört man ja schon in friesischer Vorzeit. Doch die Nachrichten beschränken sich bis ins Mittelalter hinein auf die bloße Erwähnung des Naturereignisses oder auf eine seiner Wirkungen. Dabei handelt es sich in der Regel um Zahlen von Toten oder um die Auswanderung der Überlebenden. Kein Berichterstatter vor dem 13. Jahrhundert hat Selbsterlebtes mitgeteilt. Die Überlieferungen wurden fast immer lange Zeit mündlich weitererzählt, bevor sie aufgezeichnet wurden, und selbst dann dürften spätere Autoren sie noch entstellt haben. Wir müssen uns also für die ältere Zeit mit fragwürdigen Angaben fremder Geschichtsschreiber oder späterer Chronisten begnügen, so daß in vielen Fällen schon die Jahresangaben nicht richtig sind. Die Höhe der Fluten ist nicht bekannt, und die Berichte über die Vernichtung von Menschen, Tieren, Häusern und Ländereien sind gewiß übertrieben.

Sicher ist nur, daß es Sturmfluten gibt, solange Menschen die Westküste Schleswig-Holsteins besiedeln. Sie mußten lernen, nachdem sie von dem Land an der Nordsee Besitz ergriffen hatten, sich vor den Fluten zu schützen. Um die Zeitenwende herum gelang es ihnen nicht; denn eine zunehmende Sturmfluttätigkeit trieb Kimbern, Teutonen und Ambronen zur Völkerwanderung: Sie gaben ihre Heimat auf. Dann trat für Jahrhunderte eine Phase der Ruhe ein, in der das Meer nur relativ selten die weiten Marschflächen überflutete. Daß das Hochwasser im allgemeinen nicht so gefährlich war, schließt man daraus, daß es den Menschen genügte, ihre Behausungen auf kleine Erdhügel, die Warften oder Wurten, zu setzen. Sie bestanden ursprünglich aus Abfall und Dung und wurden in größeren Zeitabständen erhöht, weil die Fluten offensichtlich allmählich höher aufliefen. Häufiges „Landunter" sowie gestiegene Sicherheitsansprüche der Küstenbewohner sorgten schließlich etwa um 1000 n. Chr. dafür, daß man einzelne Warften durch Erdwälle miteinander verband und so die ersten Deiche schuf. Aber die Zerstörung griff stärker und immer weiter um sich. Ständige Deicherhöhungen und -verbesserungen konnten nicht verhehlen, daß der Nordfriese seinem stärkeren Nachbarn, der Nordsee, schicksalhaft ausgeliefert war.

Doch das Ringen und Verteidigen gegen die Naturgewalt Sturmflut hat den Menschen unserer Heimat geformt. Er ist zäh und ausdauernd geworden. So war es schon in der zweiten Hälfte des Mittelalters, als die Deichgrafen und -bevollmächtigten in unserem Land eine große Befehlsgewalt hatten. Schon damals wurde ein Satz geprägt, der heute noch an der ganzen Küste gilt: „De nich will dieken, mut wieken!" — „Wer nicht will deichen, muß weichen!" So wurde nach der „Mandrenke" alles auf den Plan gerufen, die Deiche wieder wehrhaft zu machen. Man ging daran, die Küste zu sichern und eine Insel zu schützen, die größte deutsche Nordseeinsel: Strand, oder wie wir auch sagen, Alt-Nordstrand (Skizze 2).

Diese Insel, 54 000 ha groß, war entstanden durch die Katastrophen des 14. Jahrhunderts. Doch auch später gab die Nordsee hier keine Ruhe. Am 2. November 1532 brach der Deich an 18 Stellen, und 1500 Strander mußten ihr Leben lassen. In der Kirche zu Tondern stand das Wasser damals 1,70 m hoch. Diesen Angaben können wir trauen; denn seit der Mitte des 15. Jahrhunderts sind sie zuverlässiger durch Eintragungen in Kirchenlisten und das Erdbuch des Schleswiger Bischofs. Schließlich bauten die

Friesen mit Unterstützung der Niederländer einen neuen, 100 km langen Deich um Strand herum. Der Ringdeich wurde 1616 geschlossen, und im Schutze dieses Walles lebten in 23 Dörfern über 10 000 Einwohner. Das war zur damaligen Zeit eine hohe Bevölkerungszahl. Auf der Insel mit dem fetten Marschland herrschte ein sagenhafter Reichtum. Aber das Geld, das die Menschen dort verdienten, stieg ihnen zu Kopfe. Sie wurden übermütig und meinten gar, ihr Deich sei uneinnehmbar. Am 11. Oktober 1634 wurde das Schicksal der Insel und ihrer Menschen besiegelt: In der verhängnisvollen „Burchardiflut", die besser bekannt ist unter dem Namen „2. Mandrenke", brach der „Goldene Ring" an 44 Stellen. Von allen Seiten strömte das Wasser auf die Insel. Die Menschen versuchten sich zu retten auf den Böden und Dächern der Häuser, in den Türmen der Kirchen. Einer der Überlebenden, der Pastor Heimreich, schildert uns dies Geschehen in seiner berühmten „Heimreichschen Chronik". 19 Dörfer der Insel gingen unter, 19 Gotteshäuser wurden zerschlagen, etwa 1200 Häuser vernichtet, über 50 000 Stück Vieh ertranken — aber schlimmer noch: 6408 Strander fanden in dieser Nacht den Tod. Während der süd-

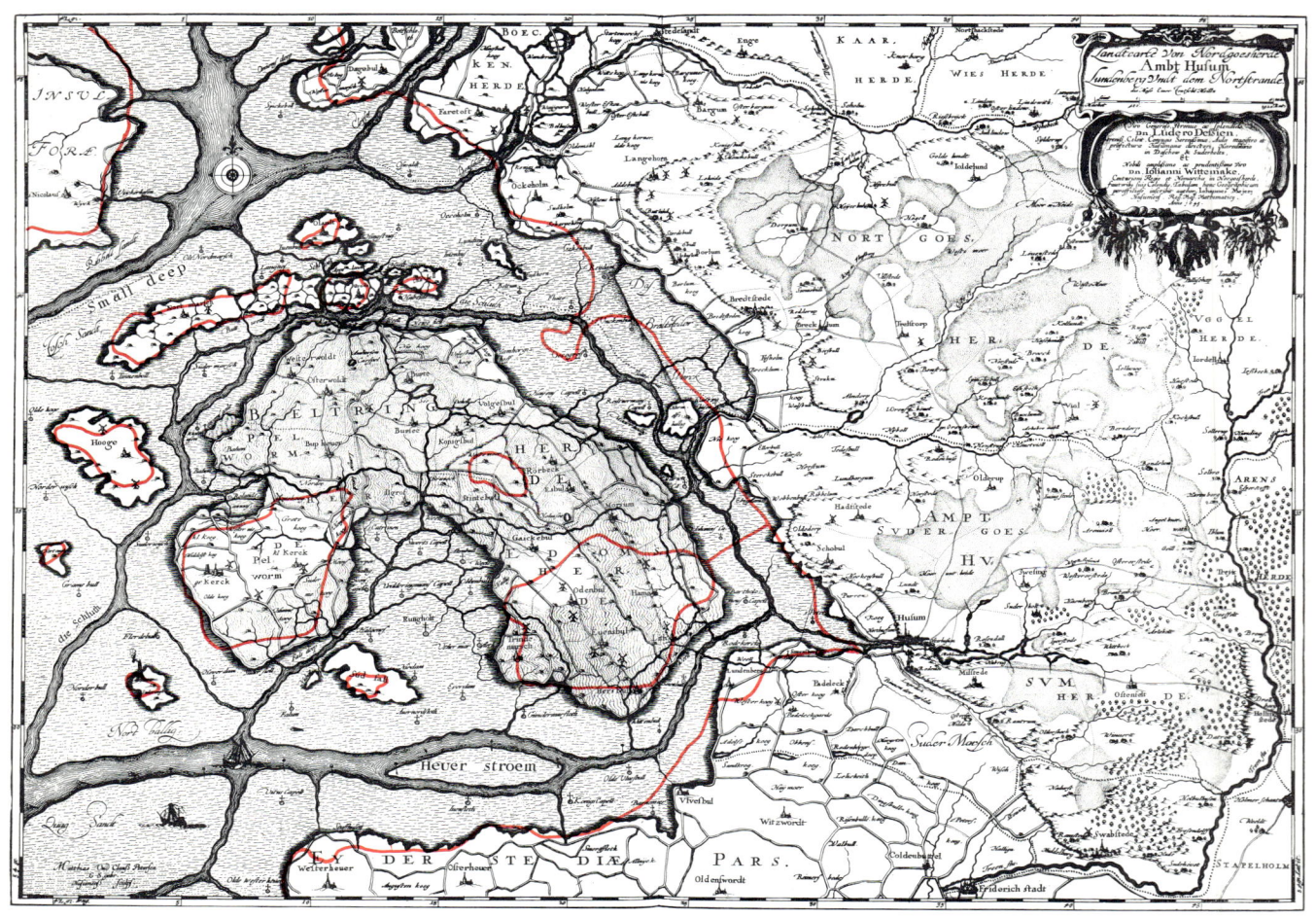

Skizze 2:
„Strand" oder „Alt-Nordstrand" um 1634 vor der „Burchardiflut".
Auch diese Karte stammt von Johannes Mejer
und wurde 1649 angefertigt.
Der heutige Küstenverlauf ist rot eingezeichnet.

liche Landesteil keine nennenswerten Schäden zu verzeichnen hatte, starben in Nordfriesland insgesamt 8343 Menschen. Diese nüchterne Zahl spricht eine harte Sprache. Hinter ihr stehen ebenso viele menschliche Schicksale. Daran muß man denken, wenn man die Gegenwart an der Westküste Schleswig-Holsteins richtig verstehen will.

Waren also die Sturmfluten vergangener Jahrhunderte höher, dauerten sie länger an? Man kommt der Wahrheit nahe, wenn man sich dabei nicht vom angerichteten Schaden verleiten läßt. Er kann ohnehin erst hinterher festgestellt werden und taugt von daher schon nicht zur Einteilung in leichte und schwere Sturmfluten. Bedenken muß man statt dessen die gesamte Lebenssituation des Menschen in vergangenen Jahrhunderten! Wie sah es denn zur Zeit des Untergangs der letzten größeren zusammenhängenden Landmasse im heutigen Wattenmeer bei uns aus? Das barocke Zeitalter mit seinem Vergänglichkeitsbewußtsein und der täglichen Spannung zwischen Lebensbejahung und Todesangst hatte vor der abseits gelegenen Nordseeküste ebensowenig haltgemacht wie der 30jährige Religionskrieg, dessen furchtbare Leiden ganz Deutschland an den Rand des Abgrunds brachten. Zwar stand der Gottorpsche Ständestaat nicht im Zentrum europäischer Machtpolitik; aber durch das Eingreifen des dänischen Königs Christian IV. gelangten kaiserliche Truppen nach Schleswig-Holstein, die die Festlandsküste plünderten und damit drohten, die Inseln zu überfallen. Sie blieben im Winterquartier, raubten die Vorräte aus und schüchterten die Menschen ein. Der Herzog war in die Wirren verwickelt und kümmerte sich nicht viel um den Küstenschutz — im Gegenteil: Er verlangte höhere Steuern zur Finanzierung des Krieges, die namentlich von der Bevölkerung der Geestinseln gar nicht immer aufgebracht werden konnten. So blieb der Deichbau oft privater Initiative überlassen. Das aber hatte zur Folge, daß selbst gut bedeichtes Land von rückwärts überflutet werden konnte, weil andere Küstenabschnitte nur unzureichend geschützt waren; denn schließlich mußte, wer deichen wollte, in der Regel auch bezahlen. Gerade das jedoch konnte nicht jeder. Und wenn einmal eine Sturmflut etwas höher auflief? Dann ergoß sich das Wasser über die niedrigen Deiche und riß an den Bruchstellen sogenannte Wehlen in den Untergrund. In ihrem Bereich strömten die Wassermassen bei jeder Tide ein und aus und bedeckten zweimal am Tag das Land. Mit ihren einfachen Mitteln waren die Menschen der Aufgabe nicht gewachsen, diese tiefen Deichbruchstellen bis zum nächsten Hochwasser zu schließen. In Säcken schleppte man Klei und Schlick an die gefährdetsten Abschnitte; erst um 1620 wurde die Schubkarre eingeführt. Doch was nützte sie, wenn es auf den schlechten Wegen im Winter kein Vorwärtskommen gab? Und dann die Pest! Sie brachte Siechtum und Tod, aber keine Arbeitskräfte für die Sicherung der Deiche. Das alles erlebte eine Generation! Die Menschen mußten Sturmfluten als ein Strafgericht Gottes erkennen, dem sie unterworfen waren.

So taten es auch die Überlebenden auf Strand, die sich 1634 auf das hochgelegene „Wüste Moor" zurückzogen. Dies heutige Nordstrandischmoor, das mit Pellworm und Nordstrand den Rest der alten Insel darstellt, wurde zum rettenden Zufluchtsort. Aber auf dem schlechten Boden des Hochmoores sanken die ehemals wohlhabenden Ackerbauern zu einfachen Halligbauern herab, da sie obendrein all ihr Vieh verloren hatten. Sie besaßen kein Geld mehr, die überfluteten Marschen neu zu bedeichen und überließen ihre Heimat kapitalkräftigen Zuwanderern. So liegt im Zuzug fremder Unternehmer, Deicharbeiter und Bauern bereits hier die Wurzel für den allmählichen Untergang der selbständigen friesischen Sprache. Eine ganze Kultur begann in die Nordsee zu versinken.

Doch in Stunden der Not beweist sich immer wieder der Lebenswille des Menschen. Während der Katastrophe war das Wasser bis Niebüll vorgedrungen, und auf dem Deich bei Risummoor stand in jener Nacht der Oberdeichgraf Nordfrieslands, der die Faust ballte und in die schäumende See die Worte rief:

„Trutz, blanke Hans!"

In dieser Nacht war ein weiterer Kampfruf entstanden. Dieses „Trutz, blanke Hans" sollte heißen: Bis hierher, Nordsee, und nicht weiter! Weiter kam die Nordsee auch nicht; aber sie griff immer wieder an und riß wie ein Raubtier an den Küstenschutzbauten. Doch der Fortschritt der Technik wurde zunehmend deutlicher und ließ Verwüstungen mittelalterlichen Ausmaßes nicht mehr zu. Das zeigte sich bereits bei der Christnachtsflut am 25. Dezember 1717. Immerhin ertranken in Schleswig-Holstein und Hamburg noch 782 Einwohner, jedoch soll die gewaltige Sturmflut noch 2—3 Fuß höher aufgelaufen sein als die Katastrophe 1634. So berichtet es der Sohn Anton Heimreichs als authentischer Augenzeuge. Die größten Schäden entstanden diesmal in Süderdithmarschen, wo allein 468 Tote zu beklagen waren. Bemerkenswert für die Beurteilung von Sturmfluten ist dabei, daß sich diese Flut mit unglaublicher Geschwindigkeit im letzten Mondviertel ereignete, so daß alle Küstenbewohner völlig von ihr überrascht wurden. Auch ist sie nicht wie die großen Fluten der Geschichte örtlich begrenzt gewesen, sondern hat die ganze Weite der Deutschen Bucht einer Überschwemmung ausgesetzt. Kaum hatten sich die Menschen von diesem Weihnachtsfest erholt, da brach auf den Tag genau 2 Monate später erneut ein Unwetter los, das man in Husum mit 4 m über dem mittleren Hochwasser registrierte.

Kennzeichen solcher Flutkatastrophen sind zahlreiche Deichbrüche, zerstörte Häuser, Untergang wertvollen Kulturlandes, Vernichtung der Wintersaat in den Kögen, Versalzung des Bodens und besonders ungeheure Verluste an Menschen und Tieren. In diesem Sinne gab es immer wieder Sturmfluten. Das war ein ewiges Hin und Her. Und die Nordsee blieb immer Sieger, wenn auch der Triumph der Naturgewalten über den Menschen ständig knapper ausfiel. So war es ebenfalls am 3./4. Februar 1825. Diese Flut ist, nachdem sie 1821 und 1824 „angekündigt" worden war, die höchste bis dahin gemessene gewesen. Trotzdem mußte die mörderische See in den Hamburger Elbgemeinden mit 162 und auf den Halligen mit 74 Opfern zufrieden sein. Die schleswigholsteinische Festlandsküste trotzte dieser Flut. Hier hatten nämlich die 1803 gegründeten Deichverbände den Küstenschutz erheblich verbessert. Die Halligbauern jedoch waren verzweifelt. Wegen der Haus- und Landverluste verließen 234 Menschen die kleinen Eilande. Bedingt durch die enger gewordene Ernährungsbasis hielt diese Halligflucht auch nach 1825 weiter an, bis man das Thema eines Küstenschutzes durch Halligen in ihrer Funktion als Wellenbrecher aufgriff und die Auswanderung stoppen konnte.

Mit der Halligflut enden die Katastrophen der Geschichte.

Die folgende Tabelle gibt auf einen Blick Aufschluß darüber, was es seit der Zeit des Deichbaus bedeutet hat, in unserem Land Küstenbewohner an der Nordsee zu sein:

Sehr schwere Sturmfluten

1300, 1313, 1338, 1358, 1380
1412, 1426, 1436, 1471, 1476, 1479, 1483
2. 11. 1532, 1573, 1574, 1580, 1588, 1590, 1593, 1597
1602, 1612, 1615, 1625—1630
1701, 1703, 1710, 1715, 1718, 1720, 1721, 1748, 1756, 1792
1821, 1824, 1855, 1858, 1895

Katastrophen

Namen	Verluste
16. 2. 1164 Julianenflut	20 000 Tote
1219	36 000 Tote
14. 12. 1287 Luciaflut	50 000 Tote
16. 1. 1362 1. Grote Mandrenke	100 000 Tote
18. 11. 1421 Elisabethflut	10 000 Tote in Holland
1. 11. 1570 Allerheiligenflut	1 500 Tote in NF 20 000 Tote an der deutschen Küste
11. 10. 1634 Burchardiflut	8 343 Tote in NF
25. 12. 1717 Weihnachtsflut	782 Tote in SH und HH
3./4. 2. 1825 Halligflut	74 Tote in SH 162 Tote in HH

1162	Schwerpunkt zwischen Elbe und Rhein; Jadebusen entstand
1313; 1338	„Do begunden de Uthlande ersten entwey to brekende"
1362	Insel Strand entsteht
1421	beschränkt auf die Niederlande
1590	Eisschollen zerstören die Deiche
1612	In Nordfriesland liefen alle Köge 5mal voll Wasser
1625—1630	alljährliche Überflutungen
1634	Strand wird zerrissen
1717	bis dahin höchste Sturmflut; nicht örtlich begrenzt
1825	Halligflucht; höchste bis dahin bekannte Flut
1895	starker Weststurm dauerte 60 Stunden

An dieser Stelle bricht die Übersicht ab. Sie reicht aus, um eine Mahnung für alle Generationen zu sein, dieses Meer ernst zu nehmen. Aber taten wir das wirklich in der letzten Konsequenz? Wir waren nicht darauf vorbereitet, daß in der Gegenwart die Sturmfluten noch öfter, noch höher auflaufen würden. Nach relativ glimpflich überstandenen Jahrzehnten sollte sich die Gleichgültigkeit bitter rächen! Das nächste Kapitel gibt Aufschluß darüber, ob die Nordsee tatsächlich immer gefährlicher geworden ist.

Geht die Nordseeküste unter?

Von einer jahrhundertewährenden, noch längst nicht entschiedenen Abwehrschlacht gegen das Meer ist bisher die Rede gewesen. Auch heute noch greifen Wind und Wellen erbarmungslos nach dem Land an der Nordsee. Aber dank ungeheurer Anstrengungen sind die Schäden immer geringer geworden. Das klingt unglaublich, da ja Sturmfluten zur Gegenwart hin bekanntlich immer höher aufgelaufen sind. Es ist tatsächlich wahr: Die Katastrophen sind kleiner, doch die Gefahren der Nordsee ständig größer geworden. Angesichts dieser bedrohlichen Entwicklung kann in unserer Zeit niemand die Verantwortung dafür übernehmen, nicht zu versuchen, die letzten Hintergründe der dramatischen Ereignisse aufzuhellen. Das ist die Aufgabe einer Wissenschaft, in die hier eingeführt werden soll und die es gar nicht gibt: die Wissenschaft von den Sturmfluten. Zu viele Einzeldisziplinen müssen sich mit einem so komplexen Zusammenhang auseinandersetzen, wie ihn eine Katastrophenflut darstellt. Wasserwirtschaftler, Meeresforscher, Geologen, Historiker, Statistiker, Ingenieure, Küstenschutztechniker und ganz besonders die Meteorologen stellen ihre eigenen Fragen zum Problem. Sie alle suchen Antworten darauf,
ob Sturmfluten häufiger kommen als früher;
ob sie höher auflaufen;
wo die Gründe hierfür liegen;
wie wir uns noch besser schützen können, damit die Nordseeküste nicht dereinst untergeht.

Aber die Forscher haben es bei diesen Fragen mit einigen unbekannten Größen zu tun, die sie vielleicht nie ganz verstehen werden. Nicht alles läßt sich nämlich so exakt berechnen wie die tägliche astronomische Flut. Seit Isaac Newton ist das ewig wechselvolle Schauspiel der landschaftsprägenden Gezeiten in ihrer Abhängigkeit von der Stellung von Sonne, Mond und Erde hinreichend bekannt. Wir wissen auch, daß die atlantische Flutwelle in breiter Front aus nördlicher Richtung schräg gegen die englische Küste dringt und sich dann mit einer schwächeren Flut aus dem Ärmelkanal vereinigt. Sie fließt an den Niederlanden vorbei und biegt schließlich an der Westküste Schleswig-Holsteins nach Norwegen um. An unserer Küste ist das Wasser jedoch nicht so tief. Durch stärkeren Reibungsverlust nehmen also sowohl Fluthöhe als auch Fließgeschwindigkeit nach Norden ständig ab.

15

Das alles können wir berechnen, und den Vorhersagen des Deutschen Hydrographischen Instituts über Zeitpunkt und Höhe der Tide dürfen wir vertrauen. Was aber passiert, wenn der „blanke Hans" durch starken Wind aufgepeitscht wird?

Dann werden ungeheure Wassermassen an die Küste gedrückt und können gegen den starken Sturm aus westlichen Richtungen nicht in die Deutsche Bucht zurück: Es wird ein sogenannter Windstau aufgebaut, der die Pegel ganz beträchtlich steigen läßt. Nun haben wir vielleicht gerade Vollmond oder Neumond, d. h. einen ohnehin erhöhten Wasserstand, die Springflut. Die schäumenden Wellen lecken sich schon bis zur Deichkrone hinauf. Jetzt genügt eine Fernwelle, um die Katastrophe eintreten zu lassen. Fernwellen sind außerordentlich lange Wellen, die irgendwo im Atlantik durch heftige Stürme oder plötzliche Luftdruckänderungen entstehen. Sie laufen oft Tausende von Kilometern weit und sind dabei so schnell, daß sie die amtlichen Wasserstandsvorhersagen im wahrsten Sinne überrollen. Das jüngste und traurigste Beispiel dieser Art war die Flutkatastrophe am 16./17. Februar 1962.

Doch damit nicht genug! In der Zwischenzeit erlebten wir auch ohne Fernwellen eine noch höhere Flut. Wie soll das weitergehen? Wie hoch und wie lange steigen die Fluten noch?

Greifen wir in die Erörterung ein und begründen zunächst, daß in der Vergangenheit tatsächlich ungefährlichere Fluten ausgereicht haben, um die bekannten Schäden anzurichten! Mangelnde Deichbautechnik allein kann nicht der Grund sein; sie hat lediglich die Überflutungen nicht verhindern können. Die wirklichen Ursachen dafür, daß ein ganzes Land für immer im Meer versunken ist, müssen tiefer liegen.

Unsere schmale Landbrücke zwischen Mittel- und Nordeuropa wurde in der Eiszeit gestaltet. Damals banden die Inlandgletscher riesige Wassermassen, und der Meeresspiegel lag weltweit bis zu 100 m tiefer. Das Gebiet der heutigen südlichen Nordsee war landfest: Hier flossen Elbe, Rhein und Themse zusammen! Da die Elbe einen längeren Unterlauf hatte, stieg ihr Gefälle, und die Erosion des Wassers wurde so stark, daß sich im Süden unseres Landes das große Elbeurstromtal ausbildete. Es sammelte die gesamten Wassermassen des Eisrandes von Schleswig-Holstein bis Polen und tiefte sich recht schnell ein. Das mußte deshalb auch mit der Eider geschehen, da sie zu der Zeit ein Nebenfluß der Elbe war. Im Norden allerdings trat das Schmelzwasser aus den Toren der Gletscher hervor, führte viele Schwemmstoffe mit sich und schüttete sie im alten „Westland" als hochliegende Sandfläche auf.

Als vor etwa 20 000 Jahren das Eis verstärkt zu schmelzen begann, lag Dithmarschen tief, das heutige Nordfriesland aber hoch. Die Gletscher gaben jetzt, wie am Ende der beiden vorherigen Eiszeiten auch, Wasser an die Meere ab, so daß der Wasserspiegel auf der gesamten Erde zu steigen begann. Eine solche erdgeschichtliche Entwicklungsphase, in der das Meer langsam gegen die Festlandsküste vorrückt und sie allmählich überflutet, nennt der Wissenschaftler Transgression. Dieser schleichende Prozeß wird von Generationen allgemein nicht erkannt. Die Menschen merken lediglich, daß die Fluten immer höher und gefährlicher werden. Auch sind es schließlich „nur" Sturmfluten, die das Land vernichten. Aber in rückblickender Zusammenschau lassen sie sich eben doch Transgressionen oder ihren Phasen zuordnen.

Der Höhepunkt des Meeresvorstoßes, der bei uns Corbula-Transgression heißt und von dem viele in bezug auf die gesamte Nordseeküste vielleicht schon als Flandrische Transgression gehört haben, lag in den Jahren von etwa 5500 bis 4000 v. Chr. Damals stieg das Meer 1,65 m in 100 Jahren. Während dieser Zeit war das Land also um 25 Meter relativ „gesunken". Die Nordsee stieß bis zur Küste vor und erreichte das tiefe Dithmarschen schon zu einer frühen Zeit, in der der Anstieg noch sehr rasch erfolgte. Deshalb konnten sich nur wenig Sinkstoffe, sog. Sedimente, ablagern, so daß sich hier keine Watten oder Marschen entwickelten. Unter der Einwirkung kräftiger Gezeiten, Seegang und Brandung wurden vielmehr Kliffs herauspräpariert, wurden Haken und Nehrungen geschaffen, die Meeresbuchten zu Strandseen abschnürten und schließlich verlanden ließen. Doch das Meer stieg weiter; es überflutete diese Moore, die dadurch abstarben. Als die Transgression dann ausklang, konnten sich um 2000 v. Chr. endlich gröbere Sedimente ablagern. Das war vor allem Sand, der bis heute stabil geblieben ist, weil der Torf im Untergrund nicht mehr vorhanden war. Bis zur Zeitenwende entstanden auf diese Weise hochgelegene Marschen, die heute noch eine Höhe bis zu 2 m über Normal-Null besitzen. Der Name

„Dithmarschen" spricht durchaus nicht dagegen: Niemand braucht ihn als „tiefe Marschen" zu verstehen, sondern man kann ihn deuten als sprachliche Weiterentwicklung aus „Tetmarsgau", was so viel hieße wie „Gau eines Mannes namens Dietmar". Jedenfalls ist dieses Land in der geschichtlichen Zeit nur selten überflutet worden. Abgesehen von begrenzten Meereseinbrüchen zeugen keine Spuren oder Berichte von einer großräumigen Zerstörung.

Ganz anders dagegen das ursprünglich hohe Nordfriesland! Das Wasser der Nordsee erreichte die flach ansteigenden Sanderflächen erst, als der Meeresspiegelanstieg sich bereits verlangsamt hatte. Sofort nach der ersten Überflutung setzte daher die Verlandung ein, und Schilfsümpfe dehnten sich aus. Dieser Vermoorungsprozeß dauerte bis in die Zeit der Besiedlung. In der überwiegend nachchristlichen Dünkirchen-Transgression wurden auch diese Moore überschwemmt. Das Seewasser reicherte Salz in den Torfschichten an und ermöglichte so die spätere Nutzung des Torfes zur Salzgewinnung. Darüber wurde bei langsamer Überflutung ein junges Marschland aufgeschlickt, das im Laufe der Jahrhunderte auf die noch nicht abgestorbenen Torflager drückte und

sich dabei einsenkte. Als die Menschen schließlich darangingen, die ersten Deiche zu bauen, ahnten sie die Folgen nicht: Ihr Land wurde zwar weniger überschwemmt, das Wasser konnte aber mit seinen immer mitgeführten Sinkstoffen nicht mehr aufschlikken. Nichts hielt einer Sackung der vorhandenen Marsch auf dem moorigen Untergrund die Waage. Nordfriesland sackte im Schutz der Deiche langsam in sich zusammen!

Den Rest besorgte schließlich der Mensch. In der späteren Phase der Besiedlung, also nach der Völkerwanderung, kam er in seinem Fortschritt so weit, daß er den natürlichen Gegebenheiten des Siedlungsraumes nicht mehr passiv und defensiv gegenüberstand, sondern zunehmend versuchte, sie durch Einsatz seiner Arbeitskraft zu seinen Gunsten umzugestalten. Zu Beginn unseres Jahrtausends begnügten sich die Siedler nicht mehr mit dem hochgewachsenen Land, das sich wegen günstiger Sedimentationsbedingungen weit im Westen in Ufernähe befand. Sie zogen jetzt nach Osten auf den Geestrand zu und wandelten die dortigen Sümpfe und Moore in eine fruchtbare Kulturlandschaft um. Sie erweiterten ihren Lebensraum, indem sie den von sandig-tonigen Anwachsschichten bedeckten Torf, aus dem sie zugleich Salz gewannen, abtrugen. Dadurch sackte das Land unter das Niveau des damaligen Tidehochwassers. Wenn dann einmal die Deiche brachen, ergoß sich das Wasser in eine ausgedehnte Niederung. Darin war es gefangen, und so mußte zwangsläufig eine blühende Kultur im Meer versinken!

Wie oft die Deiche brachen, ist dem Leser bekannt. Er wundert sich auch nicht darüber, da er ja weiß, daß sich der Meeresspiegel ständig gehoben hat. Was vielleicht unbekannt ist:

Die Wasserstände steigen noch immer! Einige Experten vermuten einen Zusammenhang mit Veränderungen des Salzgehaltes und der Dichte des Meerwassers; andere sehen allein abschmelzende Eismassen von Arktis und Antarktis als Ursache. Genau weiß es allerdings niemand, und daher wird der weitere Anstieg nur geschätzt. Augenblicklich gültige Messungen zeigen, daß sich der Meeresspiegel um etwa 30 cm im Jahrhundert erhöht. Nur der Vollständigkeit halber sei erwähnt, daß Amerikaner den Wasserstandsanstieg für denselben Zeitraum auf sogar 95 cm taxieren, während am Pegel Cuxhaven ein leichtes Absin-

ken festgestellt werden konnte. Die Verwirrung auf diesem Gebiet ist also groß. Ein wenig Verständnis bringt vielleicht die Skizze 3, die den Anstieg des Mittleren Tidehochwassers am Pegel Husum zeigt. Seitdem regelmäßige und exakte Wasserstandsmessungen durchgeführt werden, hat man ziemlich genaue Vorstellungen über das Ausmaß der Niveauveränderung an der Nordseeküste in Schleswig-Holstein. Da die mittleren Wasserstände raumbedingt sind, also durch örtlich begrenzte Umformung des Wasserraumes in Küstennähe, wie Zerteilung oder Untergang einer Insel, gesteuert werden und solche raumbedingten Wasserstandsänderungen für die letzten 100 Jahre weitgehend wegfallen, erfaßt die Abbildung den wirklichen, geophysikalisch bedingten, auch säkular genannten MThw-Anstieg. Sein Durchschnittswert, zur linearen Darstellung bis 1955 nach dem Gang 19-jähriger Mittel festgestellt, beträgt 2,7 mm im Jahr. Für die letzten zwei Jahrzehnte ist zu sehen, wie der Wasserstand von Jahr zu Jahr schwankt; man sieht aber auch, daß die Tendenz eindeutig nach oben weist.

Vorausgesetzt, alle sturmfluterzeugenden Kräfte bleiben gleich: Dann müssen Sturmfluten wenigstens um diesen Betrag höher

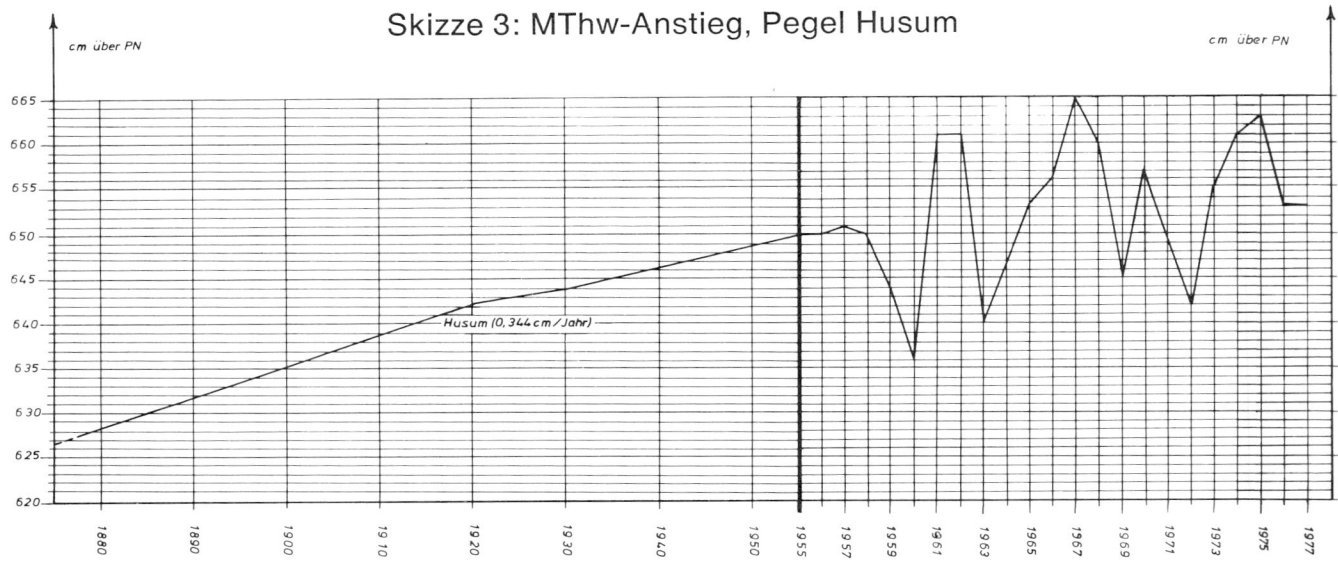

Skizze 3: MThw-Anstieg, Pegel Husum

auflaufen. Wie sich das im Laufe von Jahrhunderten äußert, verdeutlichen Fluthöhenmarken in der Kirche zu Klixbüll, die mit Messungen aus Husum ergänzt werden:

Klixbüll	1532	9,16 m
Klixbüll	1634	9,30 m
Husum	1717	10,01 m
Klixbüll	1825	9,43 m
Husum	1825	10,06 m
Husum	1916	10,01 m
Husum	1962	10,24 m
Husum	1976	10,66 m

Die allgemein hohen Wasserstände dürfen hier nicht verwirren! Die Angaben sind auf Pegel-Null bezogen. Will man auf Normal-Null (NN) umrechnen, müssen jeweils 5 Meter abgezogen werden. Das ist zwar nicht wasser-wissenschaftlich; aber mit Millimetern braucht sich in diesem Zusammenhang wirklich niemand abzuplagen. Zu bedenken bleibt jedoch, daß sich bei Abhängigkeit von Dauer, Richtung und Drehung des Windes über die Höhe der Wasserstände einzelner Fluten nur relative Angaben machen lassen. Auch war Husum bis 1634 durch Alt-Nordstrand besser abgeschirmt als heute. Da der Damm zur Insel

20

nicht bestand, konnte die Süderhever damals über das Watt nordwärts abfließen und dadurch die innere Husumer Bucht entlasten. Ein Wissenschaftler hat errechnet, daß der Sturm vom 11. Oktober 1634 deshalb heute einen bis zu 30 cm höheren Windstau bewirken würde. Machen wir eine einfache Rechnung am Schreibtisch: Zu dieser geschätzten Sturmfluthöhe addieren wir den durchschnittlichen Anstieg des Mittleren Tidehochwassers, der nach einer längeren Phase der Ruhe — das haben pollenfloristische Untersuchungen ergeben — seit der 2. Mandrenke nur für die letzten 200 Jahre nachgewiesen ist, und gelangen dabei zu einem Sturmflutwasserstand in der Größenordnung von etwa 10,14 m ü. PN. Damit beweisen die jüngsten Katastrophen, daß die Höhe der Sturmfluten stärker zugenommen hat als der Anstieg der mittleren Wasserstände. Die sturmfluterzeugenden Faktoren haben sich also verschärft, mit anderen Worten: Unsere Wetterlage hat sich in Richtung auf bedrohliche Sturmfluten verändert!

Deshalb kommt der Meteorologie bei der Suche nach den Ursachen hoher Wasserstände besondere Bedeutung zu. Ein unmittelbarer Zusammenhang mit häufiger auftretenden starken Nord- und Westwinden über dem Nordatlantik und der Nordsee leuchtet sowieso ein. Was auf den ersten Blick weniger zu begreifen ist: Diese Entwicklung scheint hintergründig abzuhängen von einer Klimaveränderung. Aber seien wir vorsichtig! Die Untersuchungen laufen derzeit noch in großem Stil, die Ausbeute an Meßdaten ist gewaltig, ihre Auswertung ist noch nicht abgeschlossen. Solange das nicht der Fall ist, können wir hoffen, daß es sich bei der Zunahme bedrohlicher Sturmfluten in der letzten Zeit nicht um eine globale Verschiebung aller Klimagürtel handelt, sondern vielleicht nur um eine — geschichtlich gesehen — kurzfristige Schwankung aller denkbaren Großwetterlagen. Genau bekannt ist nur eines:

Es gibt durchaus gängige Wetterlagen, die als besonders typisch für schwere Sturmfluten in Schleswig-Holstein gelten. Wenn sich nämlich der Kern des Azoren-Hochs beachtlich verstärkt und aus seiner Normalposition nordostwärts verschiebt, beeinflußt er die Schwankungsbreite der Tiefdruckrinne über dem Atlantik, die dann ebenfalls entsprechend weit nördlich ansetzt. Diese Rinne liegt zwischen einem wegen in Bodennähe sich aufhaltender schwerer Kaltluft bedingten Hoch im neufundländischen Raum und dem Hochdruckgebiet der Azoren. Hier sinkt die am Äquator aufgestiegene Tropenluft wieder ab. Die Luftbewegung erfolgt immer vom Hoch zum Tief, so daß in die erwähnte Frontalzone von Nordwesten kalte, aus Südwest hingegen warme Luft einströmt. Die Temperaturgegensätze sind gewaltig: Am 3. Januar 1976 betrugen sie immerhin 25° C. Diese Gegensätze rufen eine starke Höhenströmung hervor, durch die die flache Rinne sich zum Sturmtief entwickelt. Zieht eine solche Zyklone, von Schottland kommend, im Norden der Halbinsel Eiderstedt vorbei nach Osten, wird die Geduld der „Wetterfrösche" auf eine harte Probe gestellt: Das Zentrum des Sturmes trifft die Deutsche Bucht, und der ohnehin spärliche Datenfluß über das Wettergeschehen versiegt fast völlig, weil sich kaum noch Schiffe in der Nordsee aufhalten.

Eben diese Wetterlagen — und das ist eine traurige Erkenntnis — treten in der Gegenwart häufiger auf. Sie führten bereits in 77 Jahren unseres Jahrhunderts zu einer so vermehrten Anzahl extremer Wasserstände, daß das 20. Jahrhundert in bezug auf Sturmfluten die geschichtliche Vergangenheit in den Schatten stellt, selbst wenn man berücksichtigt, daß um so weniger hohe Fluten überliefert sind, je weiter die Quellen zurückreichen. Doch damit nicht genug: Sogar in diesem zeitlichen Rahmen lassen sich Schwankungen nachweisen, bei denen eine Zunahme der Sturmfluttätigkeit vermutlich mit dem Übergang von der maritimen zur kontinentalen Klimaphase und umgekehrt zusammenhängt. Im Grenzbereich an der Küste pendelt das Klima ständig in der Mitte zwischen diesen Extremen mit unterschiedlicher Schwankungsbreite hin und her. Im Klartext heißt dies, daß in milderen Wintern, also in meerbeeinflußtem, maritimem Klima, der Luftdruck bei Island weit niedriger und das Gefälle zum Azoren-Hoch damit größer ist. Folglich wehen die Winde kräftiger, während in kontinental-kalten Wintern Tiefdruckgebiete nicht so häufig sind, da kalte Luft bekanntlich schwer ist und nach unten drängt. Gegen alle Eventualfälle ist das natürlich auch noch nicht der Weisheit letzter Schluß, aber zumindest ein brauchbarer Ansatzpunkt. So exakt läßt sich das Wettergeschehen gar nicht in ein Denkschema pressen; exakt zusammenstellen kann man jedoch die 16 höchsten Sturmfluten seit 1950. Was diese Tabelle beweist, haben andere Auflistungen, die auf Pegeln mit anderen Kriterien beruhen, gezeigt:

Tabelle: Die höchsten Sturmfluten am Pegel Husum
       seit 1950

Rangfolge	Datum	Wasserstand in cm ü. PN
1.	3. Januar 1976	1066
2.	16. Februar 1962	1021
3.	21. Januar 1976	996
4.	14. Dezember 1973	963
5.	15. Januar 1968	942
6.	23. Februar 1967	939
7.	6. Dezember 1973	934
8.	13. November 1973	933
9.	2. November 1965	932
10.	1. März 1967	924
11.	1. Dezember 1966	918
12.	16. November 1973	916
13.	24. Dezember 1977	913
14.	15. November 1977	912
15.	16. Januar 1954	911
16.	19. November 1973	902

Vierzehn der 16 höchsten Fluten seit 1950 fallen in die Zeit seit 1965. Damit ist gegenwärtig die Wahrscheinlichkeit für das Eintreten der „Jahrhundertflut" gewachsen. Auch wenn wir jetzt wieder Jahre oder gar Jahrzehnte der Ruhe erleben — das Singulärereignis 1962 mahnt daran, daß selbst in sturmflutärmerer Zeit ganz plötzlich Rekorde möglich sind. Denken wir daran, und bleiben wir wachsam!

Doch wann die Flut kommt und wie hoch sie aufläuft, wissen wir erst, wenn es soweit ist. Wir können schon froh sein, wenn wir nicht wie 1962 so sehr überrascht werden.

Die Chance, einer „Überraschungsflut" zu entgehen, haben wir: Richtung und Stärke des Sturmes, das Verhalten des Meeres im Orkan, welcher Wasserstand und Wellenauflauf zu erwarten ist, gehören heute nicht mehr zum Geheimnis der Natur. Im Seewetteramt Hamburg gehen ständig die Meldungen zahlreicher Stationen über das Wettergeschehen ein. Große Hoffnung setzen die Verantwortlichen seit neuestem in Wettersatelliten, von denen ein weiterer in diesem Sommer gestartet wird. Sie verfügen über mehr und feinere Instrumente als Wetterballons und ergänzen mit ihren Funkbildern die Datenfülle. Aus diesen Angaben errechnen Mitarbeiter des Deutschen Hydrographischen Instituts mit Hilfe der Gezeitentabelle die amtlichen Wasserstandsvorhersagen, die ständig an den Rundfunk durchgegeben und dort verlesen werden. Aber diese Mischung aus Messung und Erfahrung ist leider noch mit Fehlern behaftet: Im Januar '76 war die Abweichung wieder einmal zu groß! Solange die Meteorologen nicht in der Lage sind, plötzliche Änderungen einzelner Wetterfaktoren vorher zu berechnen, können die Hydrologen keine präziseren Vorhersagen treffen. Doch die Zukunft hat schon begonnen:

Versuche sowjetischer Ozeanologen im Schwarzen Meer haben ergeben, daß man das Aufkommen von Stürmen auf hoher See frühzeitig erkennen kann. Ein etwa 30 m über dem Wasserspiegel installiertes Gerät, das auch nachts arbeitet, sendet dabei Laserstrahlen aus. Aus der Länge des reflektierten Strahles läßt sich dann die Höhe der Wellen genauer berechnen, als das mit herkömmlichen Instrumenten der Fall ist.

Praktisch schon fertig in der Entwicklung und Erprobung ist ein anderes Verfahren, bei dem 12 Stunden im voraus prognostiziert werden kann, welche Wasserhöhe an den einzelnen Pegeln der Nordseeküste bei maximaler Abweichung von nur 10 cm zu erwarten ist. Es beruht auf der Erkenntnis, daß geringfügige Verbiegungen der Erdkruste mit modernsten Präzisionsinstrumenten meßbar sind. Solche winzigen Veränderungen entstehen bereits durch Wasserstandsschwankungen in der Nordsee. Belastet ein zusätzlicher Wasserberg das Meeresbecken, ändert sich die Richtung der Erdanziehung, und bei Kiel in 60 m tiefen Bohrlöchern aufgehängte Pendel schlagen aus. Ist eine Kippung von etwa $1/10\,000$ mm abzulesen, bedeutet dies, daß sich die Erdscholle durch den Druck der Wassermassen stärker als gewöhnlich zu einem 4 m über normalem Hochwasser angestiegenen Flutberg geneigt hat. Seine Leistungskraft hat dieses System schon 1973 überzeugend bewiesen, als für Büsum bei der ersten der damaligen Sturmfluten der Wasserstand exakt vorhergesagt werden konnte. Bei den Januarfluten 1976 war das Gerät leider nicht in Betrieb. Hoffen wir, daß es endgültig fest in die Vorhersage eingebaut wird!

Wer jetzt noch sagt, daß die Nordseeküste in ferner Zukunft einmal untergeht, dem halten wir zugute: Man kann wenigstens „auspendeln", wann das geschieht!

1. Abendstimmung über dem nordfriesischen Wattenmeer.
Am Horizont die Hallig Langeneß. Noch ist alles ruhig . . .

2. Das Haus der Familie Sieglitz
steht in Groß-Morsum am Kliff 5 bis 6 m über dem Strand.
Der Wasserberg schlug in dem Gischt etwa 12 m hoch.

Flutkatastrophe 1962

Unaufhörlich rollen Sturmfluten gegen die Westküste von Schleswig-Holstein. Seit über 1000 Jahren befindet sich der Mensch hier im Kampf mit der Nordsee. Unablässig schreitet ebenfalls die technische Entwicklung voran und hält Schritt mit den Sicherheitsansprüchen der Menschen. Täglich wird Gegenwärtiges zur Geschichte. Zur Geschichte geworden sind auch die großen Katastrophen der Vergangenheit. Jahrzehnte der Ruhe hatten Generationen an der Küste verwöhnt. Hinter den immer perfekter gewordenen „Goldenen Ringen" fühlten sich die Menschen sicher, vielleicht zu sicher; aber nur bis zu einem Tag, nämlich bis zum 1. Februar 1953. Damals brachen an der Scheldemündung auf den Inseln Schouwen und Duiveland die Deiche. Über 300 000 Niederländer mußten flüchten vor der See, und 1832 Holländer überlebten diese „Hollandflut" nicht. Für uns war sie das Alarmzeichen, alle deutschen Seedeiche zu verstärken, besonders die nordfriesische Inselwelt zu schützen. Man faßte damals den Plan, die deutschen Deiche bis auf 7,50 m ü. NN zu erhöhen. Vieles geschah auch. Aber wenn wir heute ehrlich sind, müssen wir einfach zugeben, daß noch mehr hätte getan werden müssen. Die Nordsee ließ uns noch einmal glimpflich davonkommen; doch sie hatte uns gewarnt. Gerade, weil uns das Meer in diesem Jahrhundert so angreift, haben wir die Pflicht, dieser „Mordsee" gewachsen zu sein. Wir waren es aber nicht. Viel zu schnell nämlich ging in dieser Zeit das Gefühl dafür verloren, daß der vor dem Meer so mühsam verteidigte Lebensraum der Gefährdung durch die Nordsee immer ausgesetzt bleibt. Viel zu früh vergaßen die Menschen, daß nach einer Katastrophe jederzeit eine zweite folgen kann; und sie ließ nicht lange auf sich warten. Gerade, als den Küstenbewohnern ein Gefühl der organisierten und garantierten Sicherheit bewußt wurde, weil sie den zum größten Teil nach modernen Gesichtspunkten gebauten Deichen vertrauten, zeigten entfesselte Naturgewalten den Menschen des 20. Jahrhunderts in einer Nacht, daß auch ihnen Grenzen gesetzt sind. Jetzt erteilte die Natur allen nicht nur eine ernstzunehmende Warnung, sondern schon eine ganze Lektion; und die war bitter!

Diese Worte hören sich vielleicht übertrieben an. Aber es ist die Wahrheit und zugleich die Meinung der wasserwirtschaftlichen Abteilung der Landesregierung: Wir hatten in jener Februarnacht vor 16 Jahren ein unwahrscheinliches Glück! Nur 20 Minuten später hätten wir u. U. ein Unglück erlebt wie 600 Jahre zuvor bei der „Mandrenke". Wenn nicht die Reserven des tosenden Meeres kurze Zeit vor dem eigentlichen Hochwasser plötzlich erlahmt gewesen wären, hätten wir mit dem Verlust von 30 000 oder mehr Menschenleben rechnen müssen. Das wollen wir an einigen Beispielen belegen: Unser Land hatte damals 560 km Seedeiche, wir meinen Deiche, die im Angriffsbereich der Nordsee liegen. Die Deiche der Stör, Pinnau, Krückau und Eider gehören dazu. Am Morgen des 17. Februar waren davon — es ist z. T. auf den Bildern zu sehen — 72 km so zerstört, daß sie nicht mehr ausgebessert werden konnten. Entweder waren die Deiche durchbrochen, oder es stand nur noch eine Wand von ein oder zwei Metern. Darüber hinaus wiesen die Schutzwerke in über 200 km Länge starke Schäden durch Löcher und Abrisse auf. Wenn wir berücksichtigen, daß in der Stadt Büsum ca. 6500 Einwohner leben und daß vom Büsumer Deich in Höhe des Stadtzentrums nur noch 1,25 m übrig waren, daß die Deiche der Meldorfer Bucht auf über 30 km

zerschlagen waren und daß hinter diesen Deichen etwa 30 000 Menschen leben, wenn wir bedenken, daß das Wasser in Elmshorn stand, in Itzehoe und 50 cm unterhalb der Deichkronen der Inseln Nordstrand, Pellworm und Föhr, dann können wir ermessen, wieviel Glück wir damals eigentlich hatten.

Doch wir müssen in diesem Bericht auch erwähnen, daß den Hamburgern dieses Glück leider nicht zur Seite stand: 315 Bürger der Freien und Hansestadt Hamburg ertranken in der Flut! Viele von ihnen hätten vielleicht noch leben können, wenn rechtzeitig alarmiert worden wäre, wenn die Menschen in ihren Häusern nicht von der Flut überrascht worden wären. Und was hatte man alles geschrieben, was man tun wollte in Stunden der Not und Gefahr. Aber das Wichtigste, das hatte man 17 Jahre nach dem Krieg versäumt, nämlich einmal auf die Deiche zu gehen, einmal den Notstand anzunehmen. Es gab nur Übungen in den Kreisen Süderdithmarschen und Steinburg; uns fehlten jedoch großangelegte Katastrophenschutzübungen auf Landesebene mit koordinierten Kräften der Bundeswehr, des Bundesgrenzschutzes, der Freiwilligen Feuerwehren, des Deutschen Roten Kreuzes und

3. Diese Luftaufnahme des damaligen Ministerpräsidenten
Kai-Uwe von Hassel zeigt den Deich der Insel Föhr bei Dunsum.
Das Wasser war hier über den Deich gelaufen
und hatte die Innenseite schwer beschädigt.

des Technischen Hilfswerks, oder was es sonst an Hilfsverbänden gibt. Heute ist das natürlich leicht zu kritisieren; später weiß man immer alles besser und vergißt leicht, daß die Situation damals eine ganz andere war, daß ja noch kein Mensch auch nur das Anzeichen einer solchen Katastrophe jemals erlebt hatte. Schließlich sind die Niederlande ein ganzes Stück entfernt, und obendrein hatte man damit begonnen, die Küstenschutzbauten bei uns zu verbessern. Woran niemand im geringsten dachte: Die Nordsee würde nicht warten, bis die Küste endgültig gesichert war; sie schlug vorher zu, viel zu früh:

Es ist Sonnabendmorgen, der 17. Februar 1962. Das Meer greift weiter an und bedroht die 39 km lange Küste der Insel Sylt. Die Uferpromenade in Westerland ist übersät mit Zementbrocken. Zentnerschwer flogen sie teilweise viele Meter durch die Luft. Wo man versuchsweise Betonklötze, pro Stück 6 t schwere Tetrapoden, gelegt hatte, erfüllten sie ihren Zweck und schützten die Strandmauer. Wo sie nicht lagen, bietet sich ein Bild der Verwüstung. In Hörnum ist eine riesige Dünenkette einfach weggerissen. Das Wasser der Nordsee hat sich einen Durchbruch erzwungen und steht an der Straße Hörnum-Westerland. Es steht sogar vor den herrlichen, reetgedeckten Häusern der Kersig-Siedlung (Bild 4). Sie sind erst 1957, weit entfernt vom Meer, gebaut worden. Jetzt schwappt die Flut plötzlich vor der Haustür; der ganze Schutz ist verschwunden, die Häuser sind völlig freigelegt. Ihren Wert spült das Wasser mit sich fort: Für 124 000 DM sind sie gebaut worden, nach der Flut kann man sie für 60 000 DM haben. Heute kosten sie über 300 000 DM. So ändern sich eben die Zeiten und die Baupreise, besonders auf Sylt.

Sagen wir offen die Wahrheit: In dieser Flut droht die Insel bei Hörnum in zwei Teile zerrissen zu werden! Wenn früher auf Sylt in einem Jahr ein Meter verlorengegangen ist, so büßt die Insel jetzt innerhalb von 24 Stunden an einigen Stellen — zum Glück nicht überall — bis zu 16 m ein. Die Dünen werden einfach unterspült und stürzen in sich zusammen. Die Häuser auf ihnen kommen gleich hinterher. Heute geht die dringende Bitte aller verantwortlichen Stellen an die Kurgäste, aber auch an die Einheimischen, diese Dünen zu schützen und nicht einfach von ihrem Gipfel an den Strand zu laufen oder gar herunterzurutschen. Dann nämlich rutscht auch der Sand,

4. Vor der Kersig-Siedlung in Hörnum
wurde eine Dünenkette zerstört.
Das Wasser drang bis an die Häuser vor.

5. Vor der
Strandhalle in List
gingen 1962 von
den Dünen ca. 10 m
verloren.

und es geht noch mehr von diesem natürlichen Schutz verloren. Dadurch wird die Insel immer schmaler. Zu viel holt sich die Nordsee Jahr um Jahr, auch ohne Katastrophenflut. Zwar wird der Sand, den die Dünen hergeben müssen, an anderer Stelle wieder abgelagert; dennoch nagt die See an der Substanz der Insel. Wenn sie nur noch so breit ist, daß das Wasser in Hörnum fast bis zum Wattenmeer läuft, sollte das nicht nur die Inselbevölkerung alarmieren! So etwas haben die Hörnumer zuvor noch nie erlebt: Das alte Gemeindebüro steht in der Nacht bis zum Fensterkreuz im Wasser. Als wir später unsere Aufnahmen machen, ist der Bürgermeister gerade dabei, die letzten Gemeindeakten zu bergen. Da meint einer seiner Mitarbeiter ganz trocken, aber auch sehr treffend: „Schade eigentlich, daß nicht das Finanzamt abgesoffen ist!"

Aber aus diesen Worten spricht kein tiefgründiger Humor. Bei aller Bitterkeit über das Leid und die Verwüstung spürt man allerdings den Lebenswillen dieser Menschen, die schon am nächsten Morgen bereit sind, aus Trümmern ihre Existenz neu aufzubauen und vor der Nordsee nicht zu kapitulieren. Genauso wie die Bewohner der Halligen, der kleinen ins Wattenmeer vor-

geschobenen natürlichen Wellenbrecher, die in der Nacht Todesängste haben ausstehen müssen. Heulende Wasserberge mit Kronen schlagen gegen Hauswände, die Wohnungen gleichen einem schmutzigen See, Unrat, Abfall und Jauche aus den Stallungen schwemmt die Flut in die Stuben. Das gesamte Mobiliar ist vernichtet. Möbel kann man ersetzen. Aber was ist mit den persönlichen Dingen, vielleicht den Reiseerinnerungen des Großvaters, der Kapitän oder Walfänger war, der Schmalfilm- oder Diaserie des Vaters und der Bastelarbeit der Kinder? Man kann nicht alles durch Geld ersetzen. Die Menschen selbst haben Glück: Sie retten alle ihr Leben, oft aber nur das, sonst nichts; sie flüchten auf die Dächer ihrer Häuser, und unter ihnen wird das Mauerwerk weggerissen. Die Bewohner des zerstörten Hauses von Bild 6 klammern sich die ganze Nacht lang mit einem anderthalb Jahre alten Kind auf einem Heudiemen fest, der schließlich auch vom Wasser eingeschlossen und umtobt wird. Als das Wasser weitgehend abgelaufen ist, waten sie im grauen Morgenlicht zu einer höheren Warft. Doch der Weg ist gefährlich: Bis zur Brust im Wasser können sie nicht ahnen, wo Untiefen auf sie lauern.

Erschüttert stehen die Bauern am nächsten Morgen vor dem toten Vieh. Zu Hunderten ertrank es in den Ställen, einsam brüllend über die weite Wasserwüste. Und dann gehen sie sofort daran aufzuräumen. Schafe schleppen sie aus dem Schlafzimmer, Schubkarren voller Schlick und Dung schaufeln sie aus dem Flur. Acht Tage nach der Flut streifen wir über die Halligen und treffen ein altes Ehepaar auf Hooge vor den Trümmern ihres Hauses. Wir stellen ihm die Frage, ob es dort bleiben will. Die Antwort ist klar: „Wir bleiben hier!" Es sind Menschen unserer Halligen, schlicht und einfach. Sie stellen keine großen Lebensansprüche; sie sind bescheiden. Und diese Halligbewohner freuen sich über die große Hilfe, die bis heute geleistet worden ist: Auf allen ständig bewohnten Halligen sind flutsichere Räume geschaffen worden. Wenn bei einer Flut das ganze Haus zusammenstürzt, bleibt dieser Fluchtraum aus Stahlbeton stehen, um das Leben der Menschen zu schützen. Das ist wichtig, denn schrecklich oft melden die Halligen „Landunter". Bis auf unbedeutende Sommerdeiche sind diese Eilande ja nur durch Steinuferbefestigungen geschützt, damit nicht immer mehr Land abbricht. Bei jeder größeren Flut aber

läuft das Wasser über die Halligen hinweg. Auch wenn die Warften noch aus dem Wasser ragen, ist das Leben der Menschen dann irgendwie bedroht. Und in dieser Sturmflut ist es ganz besonders schlimm. Auf der Kirchwarft von Hooge liegt ein Fischkutter, vom Wasser dort hinaufgedrückt (Bild 7)! Unvermittelt werden wir dabei an Plinius erinnert, der schon 47 n. Chr. in seiner „Naturgeschichte" über unsere Westküste schrieb: „Ein armseliges Volk wohnt dort. Wenn das Wasser das Umliegende bedeckt, sehen die Leute in ihren auf Hügeln errichteten Häusern wie Schiffahrer aus, und wenn es wieder abläuft, scheinen sie wie Schiffbrüchige."

Bei einer solchen Überflutung steigt das Wasser so hoch, daß die Fethinge vollaufen. Das sind große, offene Wasserauffangstellen, aus denen das Trinkwasser für das Vieh entnommen wird. In den kleinen Zisternen sammeln die Bewohner das Regenwasser für sich selbst. In dieser Flut sind die Teiche sämtlich voll Salzwasser geflossen. Schlagartig sind alle Wasservorräte ungenießbar geworden. Ein tagelanger Notstand tritt ein, bei dem die Menschen sich an der Grenze ihrer Existenz befinden. Allein zur Hallig Hooge werden in den fol-

6. Auf der Hallig Langeneß
wurde das Wohnhaus von Hauke Petersen vernichtet.
Die Familie überstand die Nacht auf einem Heudiemen.

genden Tagen 10 Mill. Liter Trink- und Brauchwasser hinübergeschafft. Die Männer der Feuerwehr müssen 10 Tage lang arbeiten, um das Wasser abzupumpen. Einige Warftbewohner entschließen sich sogar zu einem ungewöhnlichen Schritt: Sie zerstechen die Wälle, damit die Fethinge schneller frei werden. Heute ist vieles besser geworden. Mit dem Strom kam auch das Wasser in großen Leitungen vom Festland durch das Wattenmeer. Ein Stück verlorene Romantik? Gewiß nicht, wenn man die Katastrophe in der Schreckensnacht zum 17. Februar 1962 miterlebt hat!

Wie kam es zu dieser Sturmflut? Die Sturmwetterlage begann schon am 12. Februar und drückte mit westlichen Winden ungeheure Wassermassen in den inneren Teil der Nordsee. Dabei traten kurzzeitig noch höhere Windstärken auf als im eigentlichen Orkantief. Daß es dennoch glücklicherweise nicht zu einem größeren Stau als 2,20 m über MThw kam, lag daran, daß wegen Halbmond die fluterzeugenden Kräfte gerade am geringsten waren und der Sturm 2 Stunden vor Hochwasser drehte und nachließ. Der Belastungsprobe zweier schwerer Sturmfluten in einer Woche hätten die Deiche nicht standgehalten. Unsere Frage

„Geht die Nordseeküste unter?" würde sich heute nicht mehr stellen, wenn wir damals nicht „zufällig" Glück gehabt hätten. Und dann bildet sich ein neues Sturmtief aus und greift am 15. Februar auf die nördliche Nordsee über! Eine dritte Wellenstörung überholt das Haupttief und bringt an der Rückseite des Zyklonensystems den Höhepunkt des Orkans. Jetzt werden Wasserstände erreicht, wie sie noch keiner gekannt hat. Das Wetteramt merkt frühzeitig, daß nicht einer der üblichen Stürme die Nordsee aufwühlt und meldet das dem Deutschen Hydrographischen Institut. Hier wird fieberhaft gerechnet. Aber wie soll man eine Vorhersage treffen, wenn man nicht weiß, wie lange der Sturm noch heult, wie sich das Wetter über der Nordsee entwickelt? Doch eine Nachricht muß unbedingt an den Rundfunk weitergeleitet werden! Dementsprechend gelassen klingt die Stimme des Rundfunksprechers beim Wetterbericht. Er spricht von einem Sturmtief, das in östlicher Richtung abzieht. Windstärke 8 bis 9, vereinzelt stärker. „Und hier noch eine Warnung des Deutschen Hydrographischen Instituts: Für das ganze Gebiet der deutschen Nordseeküste besteht die Gefahr einer sehr schweren Sturmflut mit Wasserständen von

7. Von der Gewalt des Meeres
wurde ein Kutter auf die Kirchwarft von Hooge geworfen.

3 bis 3,50 m über Normal, stellenweise örtlich noch höher!" Das DHI hat seine Pflicht getan. Noch ist es eine reine Routinepflicht.

Und die Bevölkerung? Wer hört schon regelmäßig den Wetterbericht im Radio? Wer es tat, ruft besorgt beim Institut an, erfährt aber nur den derzeitigen Wasserstand. Über den in der Nacht noch möglichen bleibt man eine Antwort schuldig. Das weiß niemand, und darüber spricht auch keiner. So entsteht der verhängnisvolle Irrtum, mit 3,50 m über Normal sei die Spitze erreicht. Eine solche Flut gab es erst vor wenigen Tagen; wenn es nicht schlimmer wird ... Die weiteren Radioberichte über die Zuspitzung der Situation bleiben dürftig; genauere Angaben beschränken sich auf die Wettermeldungen. Viele Familien sitzen am Abend vor dem Fernsehschirm und sehen eine Folge der Sendereihe „Familie Hesselbach". Den Verantwortlichen in den zuständigen Ämtern gelingt es aber nicht, die laufende Sendung zu unterbrechen. Wenn das technisch nicht möglich war, hätte man jedoch Sätze einblenden können wie bei Wahlergebnissen oder Weltraumunternehmungen. Erst im Anschluß an die Tagesschau um 22.35 Uhr folgt die erste Sondermeldung. Doch da ist es zu spät; denn

vorher schon lauschen die Menschen dem Kochen des Orkans und — gehen zur gewohnten Zeit schlafen. Sie ahnen gar nicht, wie schlecht die Deiche wirklich sind! Die wenigen Warnungen schlagen sie genau in den Sturm, der sich außendeichs anschickt, über Menschenhand zu triumphieren wie in früheren Jahrhunderten. Unterdessen versammeln sich die von Amts wegen wachsamen Männer zu Krisenstäben. Als sie das Ausmaß der Katastrophe abschätzen können, ist es endlich so weit. Plötzlich heulen die Sirenen der Feuerwehr. Doch kein Feuerschein ist zu sehen. Nein — etwas Schlimmeres bedroht die Menschen: Das Wasser der Nordsee will über ihr Land hereinbrechen.

Als die Menschen aufwachen, finden sie sich so vom Wasser umgeben wie auf dem Bild 8! Hier im Uelvesbüller Koog bei Husum ist ein Bauer immer noch einmal auf den Deich gelaufen. Als das Wasser nur noch einen halben Meter unter der Deichkrone steht, will er seine Nachbarn alarmieren. Er kommt zu den Höfen nicht zurück. Nur 500 Meter vom Deich entfernt schießt das Wasser schon hinter ihm her. Er ist froh, sich selbst retten zu können. Seine Nachbarn hocken sich auf die Dachböden; unter ihnen

8. Der überflutete Uelvesbüller Koog bei Husum.
In den Häusern stand das Wasser 1,55 m hoch.

9. Keiner hatte damit gerechnet,
daß das Meer so zuschlagen würde wie hier im Uelvesbüller Koog.

10. Fassungslos standen die Bauern am nächsten Morgen
vor dem toten Vieh, das zu Hunderten in den Ställen ertrank.
Die Bewohner dieses Kooges waren sich
nicht darüber klar, wie schwach ihr Seedeich wirklich war.

steigt das Wasser 1,55 m hoch in den Stuben. Fassungslos stehen sie am nächsten Morgen vor den ertrunkenen Tieren (Bilder 9 und 10) und stellen verzweifelt, aber berechtigt die Frage, wie das eigentlich geschehen konnte. Hatte man nicht die Deiche nach der Herbstdeichschau als „wehrhaft" bezeichnet? Mit diesem Wort sollte zum Ausdruck kommen, daß sie dem Angriff der Nordsee standhalten würden. Wie wehrhaft sie waren, zeigt Bild 11. Das ist kein Deich des 17. Jahrhunderts, sondern der Deich des Tümlauer Kooges. Er wurde 1934 gebaut. An dem zu steilen Anstieg der Außenseite setzte das Meer an und rollte den Deich auf.

Erwähnen wir, daß es auch bessere Deiche gab! So war es eine richtige Entscheidung der Landesregierung, nach der Hollandflut die Deiche der Inseln zwischen 1,20m und 1,80 m zu erhöhen. Die Feststellung ist nicht übertrieben, daß die Inseln Pellworm und Nordstrand heute nicht mehr auf der Landkarte verzeichnet wären, wenn nicht die Deicherhöhung erfolgt wäre. Eine einfache Überlegung: Das Wasser stand nur 50 cm unterhalb der Deichkrone. Hätte man die Deiche nicht um den genannten Betrag erhöht, wäre das Wasser von allen Seiten erbarmungslos und ohne Unterbrechung über

die Deiche geströmt, und die Menschen wären wie 1634 zu Tausenden ertrunken! Auf Föhr hätte man sich vielleicht noch retten können, weil es dort nicht nur Marschen, sondern auch höhere Geestgebiete gibt. Wie ernst die Situation auf den Inseln dennoch war, zeigen die Aufnahmen. Ein Glück, daß wir die Bundeswehr hatten und den Bundesgrenzschutz! Über 6000 Norddeutsche werden durch ihren Einsatz mit Hubschraubern und Schlauchbooten vor dem Ertrinken gerettet, werden angeschlagene Deiche vor dem Zusammenbruch bewahrt. Wie schwer es aber die Soldaten hatten, an die Deiche überhaupt heranzukommen, sieht man auf dem Bild 12. Das ist der Hauptweg zum Deich im Tümlauer Koog. Man nannte diese Wege zum Deich offiziell „Katastropheneinsatzwege". Sie waren wirklich eine einzige Katastrophe. Inzwischen hat man sie umgetauft, jetzt heißen sie Deichverteidigungswege. Das Programm Nord hat sie in einen heute ausnahmslos guten Zustand verwandelt. Solche modernen Straßen brauchen wir, um die Bevölkerung zu evakuieren. Das wußte man jedoch vor der Flut noch nicht; jetzt sind wir schlauer.

In Sankt Peter vernichtet das Meer die Badebrücke und die Arche Noah. Ähnlich

11. Der zerstörte Seedeich im Tümlauer Koog.
Auf ca. 70 km Länge in Schleswig-Holstein das gleiche Bild!

12. Teilweise trostlose Zufahrtsstraßen
in den Kögen zu den Deichen
erschwerten die Rettungs- und Sicherungsmaßnahmen.
Heute besitzen wir fast überall an der Westküste
gut befestigte Deichverteidigungsstraßen.

13. Überall in Norddeutschland
standen wie hier im Tümlauer Koog
Einheiten von Bundeswehr und Bundesgrenzschutz
in einem selbstlosen Einsatz.
Zusammen mit den anderen Hilfsorganisationen
verhinderten sie ein noch größeres Unglück.

wie auf Sylt werden die Dünen unterspült und stürzen in sich zusammen. Das Wasser steht noch am 19. Februar in den Straßen der Stadt. Ganz Eiderstedt wird zum Notstandsgebiet. Tümlauer Koog und Norderheverkoog werden geräumt; nicht ein Tier bleibt zurück. Wenn der Deich hier bricht, wird eine neue Insel entstehen. Ahnungsvoll schwingt in den hilflosen Herzen, was Theodor Storm schon 1887 als Schicksal der Nordfriesen literarisch belegte: Es wollte sie „überfallen, als sei hier alle Menschenmacht zu Ende; als müsse jetzt die Nacht, der Tod, das Nichts hereinbrechen". Genauso in Dithmarschen, wo die Deiche auf 30 km Länge vernichtet sind. Wie stolz waren doch die Dithmarscher immer gewesen auf ihre Deiche. Doch nur eine Wand von ein bis zwei Metern bleibt stehen. Dahinter leben in Marne, in Wesselburen und Meldorf über 30 000 Einwohner. Eine hohe Folgeflut hätte bei den völlig wehrlos gewordenen Deichen Tod und Untergang gebracht. Dithmarschen ist besonders in Gefahr, weil durch die stetige Nordwest-Richtung des Sturmes die Flutwasserstände nach Süden zunehmen. Bis Eiderstedt bewähren sich die Nordfriesischen Inseln und Halligen als Wellenbrecher, aber von da an kann sich der

Orkan bis Brunsbüttelkoog voll austoben. Außerdem macht die Bodenstruktur der Deiche im südlichen Landesteil diese empfindlich gegen schweren Wellenangriff: Sie sind sandig und haben keinen ausreichend bindigen Kleimantel. Wie wichtig ist doch die Voreindeichung der Meldorfer Bucht, die diesen Raum künftig entscheidend schützt!

Auch woanders hat die Flut dafür gesorgt, daß neue Küstenschutzanlagen gebaut wurden, nämlich dort, wo man es am wenigsten erwartete: in Hamburg. In wenigen Stunden vernichteten die Elemente hier erbarmungslos das Werk der Menschen. Hier, im Ballungsraum menschlicher Aktivität, in der Weltstadt, deren Millionen fern der brandenden Küste das Wasser nicht sehen, sich um Hochwasserzeiten nicht kümmern, die, weitab von der Natur, ihren eigenen, städtischen Weg gehen und die nur 17 Jahre nach dem Krieg kein Sirenengeheul mehr aus der ständigen Routine locken kann — hier bricht das vermeintlich perfekte System des Menschen in einer Nacht haltlos in sich

14. Seenotrettungskreuzer auf der Elbe am Willkommhöft, Wedel-Schulau.

zusammen! 80 km von der offenen See entfernt wird ein blühendes Land in ein Katastrophengebiet verwandelt. Die Aufnahmen 14 bis 21 stehen an der Grenze! Und dann die nicht zu verstehen Ausrede: „Das konnten wir doch nicht ahnen, daß das Wasser so weit ins Hinterland vorstoßen würde!" Die Wahrheit ist, daß man seit 100 Jahren nichts Ernsthaftes an diesen Deichen unternommen hatte, daß man die wenigen Mahnungen von Deichgrafen und -bauern mit Überheblichkeit in den Wind geschlagen hatte. Am 3./4. Februar 1825 stand das Wasser nämlich schon einmal in Moorburg und zerstörte die Häuser. Aber seit 1855 hat es einen Wasserstand von 5 m ü. NN nicht mehr gegeben. Diese lange Zeit hat leider bei allen das Bewußtsein ständig drohender Gefahr durch Sturmfluten völlig verlorengehen lassen. Es gab keinen Grund, darüber besorgt zu sein, daß die Elbwasserstände nicht nur vom Windstau in Cuxhaven, von Fernwellen und der Tide abhängen, sondern zusätzlich vom Oberwasser der Elbe, dem ja der Ausgang in die freie See versperrt ist. Zwar liegt der Einfluß des Oberwassers bei weniger als einem Meter; aber wenn es wie bei dieser Flut um Zentimeter geht, muß man sich klar darüber sein,

daß die Wasserstände hier kritisch werden können. So darf es zumindest nachträglich nicht verwundern, daß das Tidehochwasser in dieser Nacht am Pegel St. Pauli auf die bis dahin noch nie gemessene Rekordhöhe von NN + 5,70 m klettert. Das ist viel. Mehr noch — es ist der höchstmögliche Wasserstand überhaupt; denn genau auf diese Höhe sind die Schutzbauten ausgerichtet, mit anderen Worten: Bei 5,70 m steigt das Wasser nur noch auf einer Deichseite, nämlich innen in den Randgebieten der Millionenstadt!

So beginnt der Strudel des Verderbens. Zur Zeit der Ebbe steht das Wasser noch 1,70 m über Normal-Flut. Und dann beginnt es erneut zu steigen, unheimlich schnell. Um 22.30 Uhr steht die Elbe 2,60 m über Normal, nur eine Viertelstunde später schon 2,85 m. Um 11 Uhr abends verhängen die Behörden den Ausnahmezustand. Seit Stunden sind sie in Alarmbereitschaft. Um Mitternacht überschlagen sich die Hiobsbotschaften. Der Rödingsmarkt droht vollzulaufen, in Neuenfelde schäumt Gischt über den Deich der Alten Süderelbe. Das Wasser kennt kein Erbarmen. Um 0.40 Uhr bricht hier der Deich. Millionen Kubikmeter Wasser ergießen sich in die Siedlungen.

15. 61 Deichbrüche im Hamburger Raum,
davon 41 an der Süderelbe. Besonders hart getroffen
Neuenfelde, Moorburg, Francop und Wilhelmsburg.

16. Überall in den Elbmarschen
zerstörte Gehöfte und Wohnhäuser.
Allein in Hamburg richtete die Flutkatastrophe
Schäden in Höhe von 860 Millionen DM an.

17. Moorburg am Tage der Flut.
Ein Fünftel des Hamburger Staatsgebietes war überflutet.
100 000 Hamburger von den Wassermassen eingeschlossen,
30 000 obdachlos!

18. Im letzten
Augenblick wurde
diese Frau gerettet.
Für 315 Hamburger
kam jede Hilfe
zu spät . . .

19. Über
50 000 Stück Vieh
wurden ein Opfer
der großen Flut.
Allein in den
Elbmarschen
ertranken 6000 Stück
Großvieh.

Zum erstenmal in dieser schrecklichen Nacht schreien Menschen um Hilfe. In Todesangst sind die Kühe auf die Deichkrone gelaufen. Die Straßen bilden einen See mit halbmeterhohen Wellen. Ein Abgrund tut sich auf. Neue Deichbrüche werden gemeldet, in Francop, Moorburg, Stillhorn, Moorfleet und schon wieder in Neuenfelde. In den Hafenvierteln erkennt man plötzlich die Gefahr: Sandsackbarrikaden werden aufgetürmt, Holzbretter vor die Eingänge genagelt. Es ist vergebens. Eine Wasserwalze schießt herein, zerschmettert Lauben, reißt Autos, Möbel und Menschen mit. Die Leidtragenden sind die Kranken, Älteren und Kinder, die nicht die Kraft haben auszuhalten. Die anderen hängen in den Bäumen, krallen sich fest auf den Dächern ihrer Häuser, bis sie nicht mehr können. Ihre Schreie werden vom Orkan verschluckt, gehen unter in der gurgelnden Flut. Nur die Sirenen und Martinshörner zerschneiden grell das Inferno. Den Güterbahnhof Wilhelmsburg bedeckt 1,55 m hoch die schmutzig-graue See. Beim Rangieren verunglücken Männer der Bundesbahn. Sie gehören zu den ersten Opfern der Katastrophe, die Hamburg lahmlegt. Längst ist der elektrische Strom ausgefallen, sind die Telefone verstummt,

Wasserleitungen und Gasrohre zerfetzt. Waltershof, Billbrook, Stillhorn, Georgswerder und die weite Süderelbmarsch versinken in der tobenden Flut. Sogar die Autobahn ist 3 m hoch überspült. Die Stadt ist über die Elbbrücken nicht mehr zu erreichen, die Gleisanlagen enden im Wasser, und die Friedhöfe sind verwüstet wie auf den Halligen. Ganze Stadtteile sind zum Meer geworden, einem Meer des Todes. Während in den Vororten ein schreckliches Tiersterben beginnt, während dort tote Menschen durch die Straßen treiben, geschehen selbst im Zentrum der Millionenstadt unglaubliche Dinge. Die Ost-West-Straße wird überflutet, auf dem Adolphsplatz und rings um den Hopfenmarkt schwappt die trübe Flut. Aus den Gullys spritzen Fontänen — die Kanalisation läuft über. Mit der Präzision eines teuflischen Uhrwerks läuft straßauf, straßab ein Keller nach dem anderen voll. Gegen 2.30 Uhr schießt die Flut wie ein Wildwasser in das Fleet zur Alster. Jetzt fließt die Elbe in die Alster! Am Rathausmarkt rollt die Flut aus. Brandung neben dem Eingang zum Ratsweinkeller. Um 3.30 Uhr erreicht die Flut ihren Höhepunkt. Minuten später beginnt sie zu fallen. Zuerst nur ganz langsam. Aber immer noch

20. Auf dem Güter- und Verschiebebahnhof Wilhelmsburg
stand das Wasser in der Nacht 1,50 m hoch.
Beim Rangieren wurden Männer der Bundesbahn von den Fluten überrascht.

stürzt sich das Wasser durch geborstene Deiche, immer noch werden Menschen von den Wassermassen verschlungen. Diese Nacht zählt 61 Deichbrüche im Hamburger Raum, über 100 000 Menschen sind vom Wasser eingeschlossen, 30 000 Hamburger werden obdachlos, ein Fünftel des Staatsgebietes der Freien und Hansestadt Hamburg steht unter Wasser. Als es endlich abläuft, bleiben Löcher in den Straßen zurück, die aussehen wie Bombenkrater (Bild 21).

Doch ein Wort wird hier großgeschrieben, genau wie in Schleswig-Holstein, das Wort „Helfen"! Es gab früher schon einen Ruf, der durch das Land hallte, wenn es in Gefahr war: „Alle Mann an die Deiche!" Und so stehen sie wieder da, jung und alt, ohne Rücksicht auf Stand oder Herkunft, nur mit einem Vorsatz, die Heimat zu retten! Hier sieht man nicht nur Männer in Uniform. Auch die Zivilbevölkerung ist da. Ohnmächtig und mächtig zugleich kämpfen sie an der Wasserfront. Kilometerweit liegen die Schlauchleitungen der Freiwilligen Feuerwehren. Getreu ihrem Wahlspruch „Gott zur Ehr', dem Nächsten zur Wehr" tun die Männer ihre Pflicht. Sie fragen nicht danach, wer ihnen den Arbeitsausfall bezahlt. Für sie ist es eine Selbstverständlich-

keit. Genauso für das Technische Hilfswerk, den Arbeiter-Samariter-Bund, den Selbstschutz, das Deutsche Rote Kreuz, die Johanniter-Unfall-Hilfe, den Malteser Hilfsdienst, oder was es sonst noch an Verbänden gibt. Man sollte in Zukunft diesen freiwillig geleisteten Einsatz in der Öffentlichkeit noch besser anerkennen. Immerhin wird hier Freizeit geopfert, und in Stunden der Not und Gefahr riskieren diese Kräfte sogar ihr Leben! In dieser Nacht werden sie alle zu einer unersetzlichen Hilfe für Polizei, Bundeswehr und Bundesgrenzschutz, deren erster richtiger Ernstfall nur dem Frieden in der Heimat gilt. Im Einsatz in Nordfriesland stehen auch 26 Jugendfeuerwehren. Der Gedanke der Jugendfeuerwehr ist vor etwa 100 Jahren auf Föhr geboren worden und hat sich seitdem in alle deutschen Lande fortgepflanzt. Hier haben junge Menschen früh eine Aufgabe übernommen, um den Nächsten zu schützen. Erwähnen wir auch die Schüler des Nordsee-Internats Sankt Peter-Ording, die mithelfen, noch größeres Unglück zu verhüten, oder stellvertretend für alle die mehr als 300 Studenten der Christian-Albrechts-Universität Kiel, die sich beim Landesverband des DRK melden, weil sie helfen wol-

21. Ein Straßenzug in Hamburg-Wilhelmsburg
mit kraterähnlichem Loch.

len. Tausende von Jugendlichen sind an dieser Küste zu finden. Die Jugend wird sehr oft kritisiert. Man sieht dabei nur das Negative. Doch in der Flutnacht und den schweren Tagen danach hat diese Jugend den Beweis angetreten, daß sie viel, viel besser ist als ihr Ruf.

Und schließlich die große Überraschung: Der Staat, der sich selbst übertrifft! Nur 3 Tage nach dem Beginn der Katastrophe starten die staatlichen Stellen den Gegenangriff, ohne Ausschreibungen, ohne Submissionen. Man ermittelt nicht erst das Ausmaß aller Schäden, um Zeit zu sparen. Man vergibt alle nötigen Arbeiten unter dem Eindruck des furchtbaren Geschehens. 382 Millionen DM werden aufgewendet, um die Deiche bis zu den Herbststürmen wenigstens bedingt abwehrbereit zu gestalten. Das war damals eine Leistung, wie sie besser nicht sein konnte! Aber das ist immer so: Wie schnell wird man wieder gleichgültig, erlahmt und lockert alle Vorsätze, wenn nach einer Katastrophe erst wieder eine Zeit der Ruhe eingetreten ist!

Küstenschutz

Als am Ende des 1. Jahrtausends Ost- und Westfriesen bei uns einwanderten, brachten sie die Kunst des Deichbaus mit. Aber sie stand noch auf schwachen Füßen; denn warum sonst verband der dänische Geschichtsschreiber Saxo Grammaticus (um 1140—1208) ihre erste Erwähnung sofort mit der Möglichkeit von Deichbrüchen? „Oft durchbricht ein starker Sturm die Deiche, mit denen man dort die Fluten des Meeres abfängt, und dann bricht ein solcher Regenschwall über das flache Land herein, daß es bisweilen nicht allein das bebaute Land, sondern auch die Häuser mit den Menschen überflutet." Die niedrig aufgeworfenen Wälle konnten ihrer Aufgabe, bei Sturmfluten das Land zu schützen, nicht gerecht werden. Zu eng nämlich waren den Menschen die Grenzen gesetzt. Sie besaßen keine Kenntnisse über den Zusammenhang von Profilgestaltung und Bodenverhältnissen, von hydraulischen Kräften, so daß Deichlinie und -profil intuitiv festgelegt wurden. Erschwerend kam hinzu, daß der Deichbau damals ausschließlich privater Initiative überlassen blieb. So zwangen Schwierigkeiten der Finanzierung die Menschen zur Bescheidenheit. Häufig war es ihnen nicht einmal möglich, ihren Deichen Abmessungen zu geben, die sie schon zu der Zeit für notwendig hielten. Vor allem eine ungenügende Höhe verursachte die Zerstörung ungewöhnlich langer Strecken der Deichlinie. Doch unter dem Druck höher auflaufender Sturmfluten wandelte sich die Technik und gelangte allmählich zu immer besseren Ergebnissen.

Gegen Ende des 12. Jahrhunderts wurden noch Deichhöhen von 2,50 m ü. NN registriert. Diese Deiche hielten Belastungen nicht stand. Als die Nordsee im 16. Jahrhundert ihre größte Ausdehnung erreicht hatte und durch Zerstörung viele Buchten entstanden waren, glich man die „Bollwerke" dieser wachsenden Bedrohung an: Eine Pfahlreihe am Deichfuß wurde mit einer bis zu 3 m hohen Bretterwand benagelt, während man den Deichkörper selbst auf ca. 3,3 bis 3,75 m erhöhte. Dieser Stackdeich, Skizze 4, dessen Haltbarkeit unzureichend war, da die Brandung sich an der Bretterwand verstärkte, wurde lange beibehalten, auf Nordstrand sogar bis in die Mitte des vorigen Jahrhunderts. Lediglich seine Krone mußte immer wieder erhöht werden, nach 1634 auf 4,7 bis 5 m ü. NN.

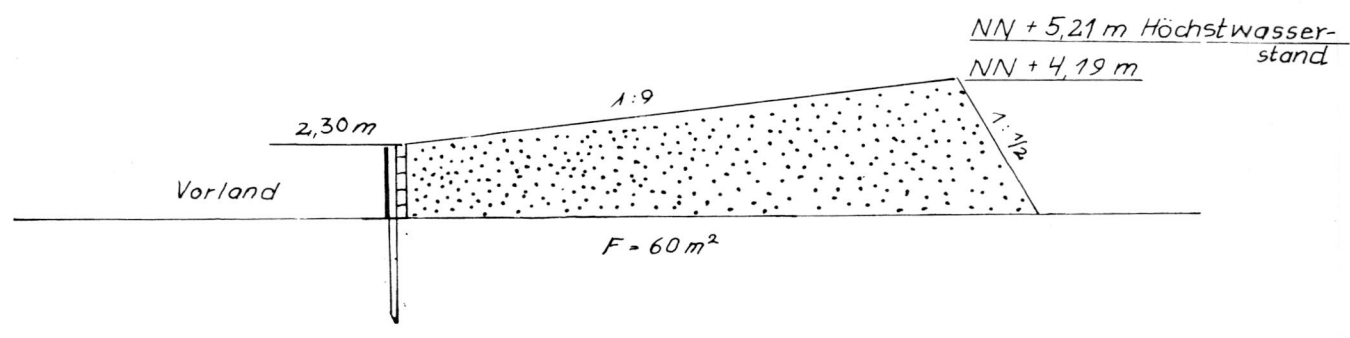

16. - 17. 2. 1962

NN + 5,21 m Höchstwasser-
stand
NN + 4,19 m

1:9

2,30 m

Vorland

1/2

F = 60 m²

Skizze 4: Stackdeich um 1596 auf Alt-Nordstrand

Bis 1850 war man zu einer Höhe von 5,50 Meter gelangt. Das entspricht einer durchschnittlichen Erhöhung der Deiche von 40 cm im Jahrhundert. Mit diesem Tempo durfte man in unserem Jahrhundert nicht weiterbauen; denn während früher die Deichhöhe allein nach dem höchsten bisher beobachteten Wasserstand festgesetzt wurde, wollte man nun unter Heranziehung aller wissenschaftlichen und praktischen Erkenntnisse Unglück nach menschlichem Ermessen vorausschauend abwehren. So lag nach dem 1. Weltkrieg die Krone der schles-wig-holsteinischen Westküstendeiche bereits 7 m ü. NN. Die Holland-Katastrophe ließ die Deichhöhen erneut überprüfen und sorgte, wie am Beispiel des Hauke-Haien-Kooges, für eine Kronenhöhe von sogar 8 m. Damit sind die Deiche seit 1850 in nur 100 Jahren um das Maß noch einmal erhöht worden, für das die Menschen vorher immerhin 700 Jahre benötigten.

Nicht nur die Höhe, auch zu steile Böschungen waren für Deichbrüche verantwortlich. Anprallende Wellen verlieren in der Brandung schlagartig ihre gesamte

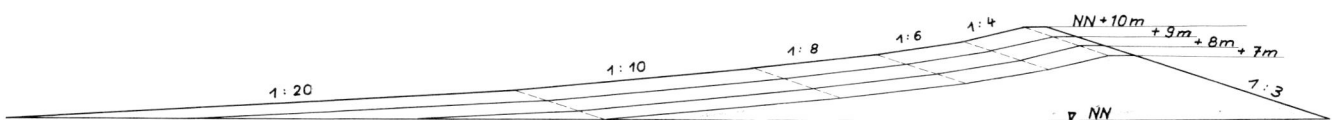

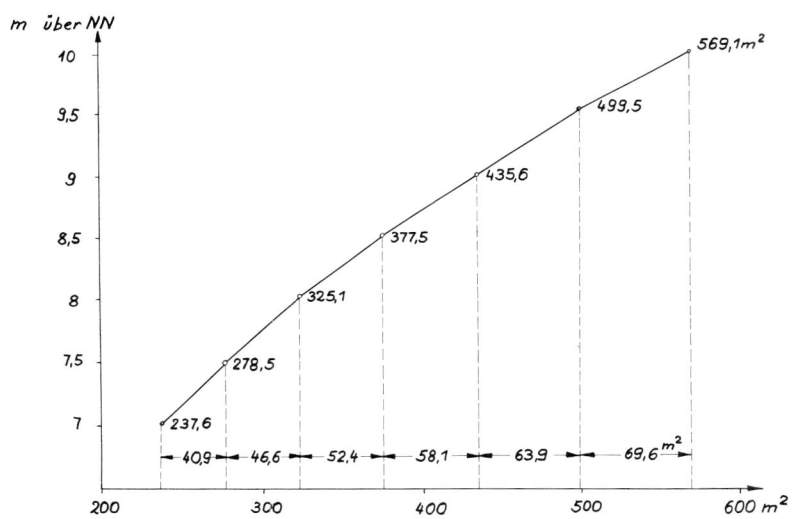

Deichhöhe in m über NN	Deichquerschnitt F m²
7,0	237,6
7,5	278,5
8,0	321,1
8,5	377,5
9,0	435,6
9,5	499,5
10,0	569,1

Skizze 5: Verhältnis des Deichquerschnitts zur Deichhöhe
am Beispiel des 1959 erbauten Seedeiches vor dem Hauke-Haien-Koog.

Energie und zerstören mit unerhörter Gewalt die Deiche am zu steilen Übergang vom Fuß zur Krone. Wie hatte nicht schon der „Schimmelreiter" Hauke Haien gesagt? „Der neue Deich aber soll hundert und aberhundert Jahre stehen; denn er wird nicht durchbrochen werden, weil der milde Abfall nach der Seeseite den Wellen keinen Angriffspunkt entgegenstellt, und so werdet ihr für euch und eure Kinder ein sicheres

Land gewinnen. Das ist es, was ihr zu eurem eigenen Vorteil einsehen solltet!" Er hat recht behalten. Der 1959 gebaute Deich des Hauke-Haien-Kooges, s. Skizze 5, blieb 1962 unversehrt. Den klaren Konstruktionsfehler haben unsere Wasserbauer heute erkannt. Mit hervorragenden Deichen holten sie nach der großen Flut zu einem neuen, entscheidenden Verteidigungsschlag gegen die Nordsee aus.

Noch etwas anderes erkannten die Techniker nach der Katastrophe: Überschwappende Wellen überschlugen sich an der Innenseite, rissen Grassoden aus und die Erde mit sich fort, gruben dabei eine Kehle und höhlten sie so lange aus, bis der Deich von rückwärts brach. So mußte auch die Landseite eine flachere Böschung bekommen, um dem überströmenden Wasser die Geschwindigkeit zu nehmen. Am Ende der Entwicklung stehen Deichprofile, die mit verschiedenen Neigungsgraden bis zu 1:20 das physikalische Wissen über den Wellenauflauf berücksichtigen. Auf Bild 22 ist der neue Deich der Meldorfer Bucht zu sehen. Man erkennt den Fortschritt, das langsam ansteigende Gelände. Dieser Deich ist 8,80 m hoch, seine Breite beträgt bis zu 150 m. 1978 wird der Deich im Speicherkoog Nord

geschlossen. Am Deichfuß findet man keine Grassoden mehr, sondern Betonformsteine oder einen Asphaltstreifen. Das sind Schutzwerke, die auch im nächsten Jahrhundert noch Bestand haben!

Um auch die alten Deiche auf diese stabileren Maße zu bringen, müssen sie in der Mitte aufgeschnitten werden, und die Erdmassen werden zur Seite gebaggert. In die entstandene Lücke spült man Sand, der schließlich zum neuen Profil aufgeschoben wird. Befestigt wird er mit 1 m Kleierde zur Seeseite und einer halb so dicken Schicht an der Landböschung, auf der Gras ausgesät wird, oder über die fertige Grassoden gelegt werden. Der Deichfuß erhält zur Seeseite eine Befestigung aus Steinen. Sie werden übrigens noch mühselig mit der Hand gesetzt, weil eine Maschine den notwendigen dichten Verbund nicht schaffen würde. Häufig wird darüber noch eine Asphaltdecke gegossen. Zusätzlich angebrachte Wellenbrecher sollen dann die Energie der Wellen mindern, bevor sie die Grasnarbe erreichen. So ein Umbau ist allerdings furchtbar teuer. Oft ist es tatsächlich vorteilhafter, irgendwo draußen im Wattenmeer einen neuen Deich zu bauen.

Das sieht an einigen Küstenabschnitten

22. Innerhalb des Generalplanes sind neue Deiche
an der Westküste entstanden.
Solche Schutzwerke wie hier in der Meldorfer Bucht
haben auch im nächsten Jahrhundert noch Bestand.

der Generalplan „Deichverstärkung, Deichverkürzung und Küstenschutz in Schleswig-
Holstein" vor, der 1963 als Antwort auf die
Katastrophe aus dem Boden gestampft wurde. Dazu gehört z. B. die Eindeichung der
Nordstrander Bucht, die als nächste Maß-
nahme begonnen wird. Der neue Seedeich
wird sich 16,7 km lang vom Elisabeth-Sophien-Koog auf Nordstrand bis zum Süd-
ende des Hauke-Haien-Kooges durch das
Wattenmeer erstrecken. Diese Trasse ist im
Dezember 1977 als zwingend vorgeschrie-
ben durch die Notwendigkeit eines flächen-
haften Wattschutzes in die Fortschreibung
des Generalplanes aufgenommen worden.
Durch die Vordeichung rücken die schlechten Deiche der Hattstedter Marsch und des
Ockholmer Kooges ins zweite Glied. Im einzelnen werden 1580 ha Vorland, 2460 ha
Schlick- und Mischwatt, 1200 ha Sandwatt

Skizze 6: Der Generalplan
Deichverstärkung, Deichverkürzung und
Küstenschutz in Schleswig-Holstein,
Fortschreibung 1977: Hier
Landesschutzdeiche an der Westküste.

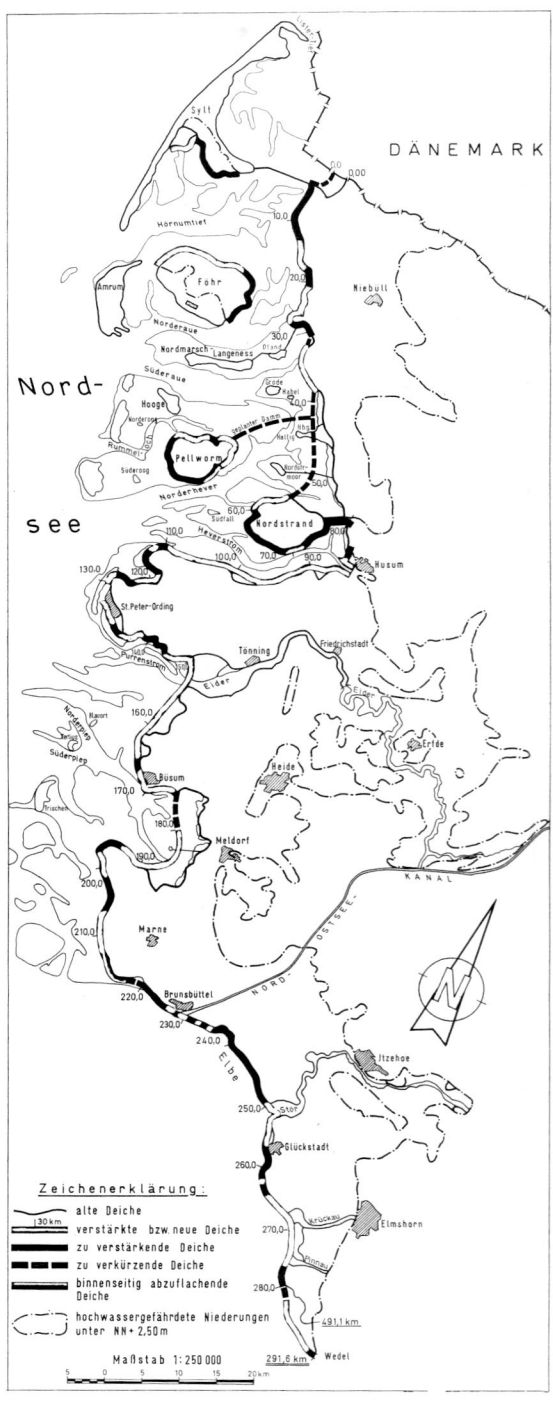

und 440 ha Wattrinnen eingedeicht und dem Meer als Neuland abgerungen. Dabei verkürzt sich die Seedeichlinie um 12,8 km. Dieses Prinzip des Generalplanes leuchtet ein: Die bestehende Deichlinie des Landes von Dänemark bis Hamburg verkürzt sich insgesamt von 499 km auf 290 km. Dann haben wir weniger Deiche zu verteidigen, sparen Millionenbeträge an Unterhaltungskosten und verfügen über moderne Landesschutzdeiche, deren Abmessungen so gestaltet sind, daß sie nach dem gegenwärtigen Stand alle Gefahren abwehren, die bei Sturmfluten auftreten können, die nach derzeitiger menschlicher Erkenntnis den besten Schutz für das Leben und die Existenz kommender Generationen bieten. Aber prahlen wir nicht zu sehr! Die technische Entwicklung war der Erhöhung der Sturmfluten schon einmal vorausgeeilt; schon einmal dachten wir uns gerüstet ...

Deichbau allein kann das Wattenmeer jedoch auch nicht retten. Es müssen zusätzlich Dämme gebaut werden, die Inseln mit dem Festland verbinden. Warum? Nehmen wir das Beispiel des Sicherungsdammes nach Pellworm, der in den Generalplan aufgenommen ist. In den letzten 350 Jahren haben die Gezeiten aus flachen und schmalen Rinnen riesige Wattströme wie die Norderhever geschaffen. Wo man früher bei Ebbe zu Fuß laufen konnte, hat sich jetzt ein bis zu 35 m tiefer und 3 km breiter Strom eingefressen, der sich ständig vergrößert und den Wattsockel der Insel Pellworm angreift. Bei jeder Tide strömen 400 Millionen Kubikmeter Wasser in die Norderhever, die z. T. durch die Süderaue in die Nordsee zurückfließen. Damm und Vordeichung verkleinern den Flutraum dieser Ströme, also den Raum zwischen ihrem mittleren Tidehoch- und Tideniedrigwasser, um etwa 110 Millionen Kubikmeter. Das verhindert die vollständige Umströmung der Insel. Dieses teure Spiel läßt sich beliebig fortsetzen; denn auch bei anderen Inseln ist noch kein Gleichgewichtszustand im Wattrinnensystem vorhanden. Durch weitere Dämme würde man die Festlandsdeiche bei Sturmfluten noch entscheidender schützen. Aber sie bedeuten auch verstärkte Angriffe auf Vorländer und Sandbänke.

Aus 15 bis 20 m tiefem Wasser kommend, prallen die Wellen ungehindert auf die Seedeiche, werden zurückgestaut und greifen die Deiche Nordstrands und Pellworms stärker an. Auch könnten die Halligen noch öfter „Landunter" erleben.

Schließlich werden nach der Eindeichung die höheren Wasserstände von der Nordstrander Bucht, einem Auslaufgebiet der Nordsee, nicht mehr aufgefangen und verteilt. Die „Große Vordeichung" führt also zu gegenwärtig noch unabsehbaren Entwicklungen, weil ihr die bei Sturmfluten so wichtigen flachen Wattsockel und breiten Vorländer als Energieumwandlungszonen fehlen. Andererseits kann man nicht einfach die bestehende alte Deichlinie verstärken wegen der begründeten Gefahr eines Grundbruches: Der Untergrund ist für die hohen und schweren Deiche zu schwach! So muß man wohl mit der Möglichkeit rechnen, daß sich nach dem Deichneubau im Wattenmeer die Ströme einen anderen Weg bahnen. Ob das gefährlich wird, muß sich zeigen.

Auf keinen Fall wird die Wattlandschaft mit ihrer reichen Tierwelt so erhalten bleiben, wie sie jetzt aussieht. Aber hat man nicht einen Weg gefunden, die berechtigten Interessen des Küstenschutzes mit den Wünschen der Naturschützer in vertretbarer Weise zu verbinden? Immerhin sind im Schutz des neuen Außendeiches 300 ha Salzwasser-, 540 ha Süßwasserspeicherbecken und 600 ha feuchte Grünflächen als Reservate eingeplant. Auch haben die Vorlandarbeiten zur Schaffung von Salzwiesen bereits begonnen. Unvertretbar wäre es, wegen einseitig orientierter Argumentation die elementaren Interessen der Menschen zu übergehen! Wichtiger ist, die nordfriesische Insel- und Wattlandschaft überhaupt zu erhalten und den Menschen zu schützen.

So unüberbrückbar sind letztlich die Gegensätze zwischen Küsten- und Naturschützern nicht: Die einen verhindern die weitere Auszehrung einer einmaligen Landschaft, deren unzureichende Sicherung den Ökologen überhaupt nicht nützt, und die anderen haben Naturschutz zum Wohle des Menschen zu betreiben. In der Präambel zum Landschaftspflegegesetz vom 16. April 1973 ist das Ziel des Naturschutzes und der Landschaftspflege jedenfalls so formuliert, daß Natur und Landschaft im besiedelten und unbesiedelten Bereich als Lebensgrundlage und Umwelt des Menschen (!) zu erhalten und zu gestalten und die vielfachen Belastungen der Natur und der Landschaft zu beschränken und auszugleichen sind. Arbeiten nicht Küsten- und Naturschützer damit schon „von der Sache her" Hand in Hand? Beiden geht es ja schließlich um den Menschen.

Wer allerdings den Küstenschutz als Tradition oder Selbstzweck verdammt, nicht einsieht, daß die Erhaltung des Wattenmeeres dem Küstenschutz zu verdanken ist, dafür aber bei dem derzeitigen Mangel an wissenschaftlichen Arbeiten zur Ökologie den Schutz der Menschen, ihrer kulturellen und materiellen Werte hinter den Deichen mißachtet, wer gar mit gerichtlichem Engagement gegen die Sicherheit der Küstenbevölkerung entscheiden will und damit den Nordfriesen einredet, sie hätten in Fragen der Küstensicherung bisher nur Unsinn gemacht, der muß schon klar Stellung dazu beziehen, ob er denn die Verantwortung für Leben und Sicherheit der Menschen zu tragen imstande ist. Nach der „Jahrhundertflut" werden wir es wissen. Sollte sich obendrein herausstellen, daß weite Kreise derer, die sich mit Entscheidungen der politisch Verantwortlichen nicht abfinden, gar nicht am Deich wohnen, drängt sich eine unrühmliche Parallele auf. Sind vielleicht auch bei dieser Auseinandersetzung Kräfte beteiligt, denen es nicht um die Sache geht, sondern um die Verächtlichmachung staatlicher Institutionen? Davon sollten sich die wahren Naturschützer distanzieren!

Ein höchstes Maß an Ausgewogenheit zwischen den Belangen des Küsten- und Naturschutzes wird hoffentlich auch mit der geplanten Vordeichung nördlich des Hindenburgdammes gelingen. Bis zur schweren Sturmflut vor 2 Jahren hatte man vergessen, daß Sturmfluten ja keine Landesgrenzen kennen und daß die politische Grenze immer der Ort ersten und schwersten Meeresangriffs ist, wenn die Deiche auf beiden Seiten der Grenze schlecht zusammenpassen. Dieser 12,8 km lange Seedeich vor den heutigen miserablen Schutzwerken wird eine kleine europäische Gemeinschaftsleistung, über die wir uns sehr freuen. Doch die Proteste zahlreicher naturwissenschaftlicher Vereinigungen gegen dies umfangreiche Eindeichungsprojekt reißen auch hier nicht ab. Die betroffene Wattlandschaft gilt als unverzichtbar für den Naturhaushalt des Küstenmeeres und als überragendes Rastgebiet für die Vögel Eurasiens. Da bereits mehr als vier Fünftel aller dänischen Feuchtgebiete entwässert sind, fordert der Ökologe die Verstärkung der vorhandenen Deichlinie. Zunächst und vor allem muß aber der Sturmflutschutz Vorrang genießen. Zwar brauchen die im Vorland von Rodenäs rastenden Gänsearten unbestritten die Andelgraswiesen. Aber der Hauke-Haien-Koog beweist, was ein Staubecken hinter dem Deich für die Vogelwelt bedeutet. Außerdem hat die Landesregierung, als Zugeständnis an den Naturschutz, die Trasse der Vordeichung zurückverlegt: Der geplante Landesschutzdeich schließt an der Staatsgrenze unmittelbar an den dänischen Seedeich, schwingt dann in südlicher Richtung buchtenförmig zurück und endet gegenüber dem Friedrich-Wilhelm-Lübke-Koog. Die am 17. März 1978 in Bonn mit dem dänischen Außenminister festgelegte neue Linienführung — übrigens ein Politikum, da die Nordfriesen aus gutem Grund immer bestrebt gewesen sind, gerade Deiche zu bauen — kostet 2 Millionen DM mehr und bringt durch den bekannten Buchtenstaueffekt höhere Flutwasserstände. Dafür bleiben aber 250 ha vor dem Deich als Schlickwatten und ökologisch wertvolle Bestandteile liegen. Das neue Vorland wird schon bestehen, wenn man mit den Deicharbeiten beginnt. Auch darf der neue Koog, der den Namen einer untergegangenen Ortschaft bewahren sollte, weder besiedelt noch ackerbaulich genutzt werden. Kann der Naturschutz damit nicht zufrieden sein? Ist nicht zugleich den Küstenbewohnern geholfen, die bald im Schutze eines 2. Deiches leben, da noch bei keiner Sturmflut

eine zweite Deichlinie gebrochen ist? Hat sich die Gewalt der See nämlich erst einmal am Außendeich entladen, reicht ihre Kraft nicht mehr aus, auch noch den 2. Schutz zu überwinden. Der deutsche Anteil an dem Projekt dürfte 16,6 Millionen DM betragen. Das ist nicht einmal viel Geld; aber andere Vorhaben gibt es auch nicht umsonst, und so verschlingt der Küstenschutz unermeßliche Summen. Fast 4 Milliarden DM sind seit der großen Flut an der ganzen deutschen Küste verbaut worden. Viel Gutes ist damit geschaffen worden; andererseits sind aber dringliche Vorhaben immer noch nicht weiter als bis in die Schublade zu den Akten gekommen. So etwa das traurigste Kapitel der Insel Sylt, der Nösse-Deich. 1937 gebaut, kann er heute 5000 Insulaner nicht mehr schützen. Angesichts solcher Millionenbeträge ist einfach nicht zu verstehen, warum man mit 30 Millionen diesen Deich noch nicht wehrhaft und das Leben Tausender sicherer gemacht hat! Das Forschungsministerium zahlt zur Wahrung unseres Prestiges für das erste gemeinsame Weltraumprojekt der Europäer mit der NASA 640 Millionen DM, damit vielleicht ein Deutscher der erste Weltraumfahrer Westeuropas sein wird. Aber für den Küstenschutz werden die Gelder gestrichen. Sollte man die Finanzen nicht besser verteilen? Was ist eigentlich wichtiger, wenn es um die Sicherheit im eigenen Lande geht?

Doch wir gestehen freimütig ein, daß Küstenschutz allein auf Sylt weit mehr bedeutet als nur die 30 Millionen für den Nösse-Deich. Alles kann man auf einmal nicht finanzieren; es müssen Prioritäten gesetzt werden. So ist auf dieser schönen Nordseeinsel bisher auch viel geschehen. Kurkonzerte können in Westerland nur deshalb noch stattfinden, weil in den letzten Jahrzehnten Küstenschutz mit ungeheurem Aufwand betrieben wurde. Um die Insel vor weiterem Landabbruch zu bewahren, baute man zunächst eine Strandmauer. Zu Strandmauern allgemein sagen wir an dieser Stelle offen, daß dem Küstenschutz damit eine echte Fehlleistung gelungen ist! Wie kann man Mauern bauen, obwohl die Geschichte die Unzulänglichkeiten des mittelalterlichen Stackdeiches gelehrt hat, obwohl man im Prinzip den gleichen Vorgang an den Steilküsten der Ostsee beobachten kann, und das alles in einer Zeit, da der Deichbau endlich zu flacheren Profilen gelangt ist? Die Schwäche der Mauern liegt auf der Hand: Mit ungebrochener Gewalt stürzt das Wasser gegen die Wand und zerstört sie. Die freigesetzte Energie mag man ahnen, wenn man erlebt, wie anrollende Wellen zu haushohen Gischtbergen aufspritzen. Durch den harten Anprall entsteht ein starker Sog im Zurückfluten, der den Strandsand mitreißt. Auch auf Sylt war der Mauerfuß nach wenigen Jahren freigespült und drohte ins Meer zu stürzen. Man sicherte ihn daraufhin mit einem breiten Steindeckwerk. Doch das genügte mit der Zeit auch nicht mehr. So mußten Tetrapoden als Wellenbrecher her. Trotzdem wurde die Mauerfußsicherung unterspült. Man baute eine zweite. Und dann kam man auf eine grandiose Idee: Man spülte Sand ins Meer. Mit dieser künstlichen Landspitze war das Ufer für 6 Jahre vor zu starkem Wellenangriff geschützt. Aber in diesem Jahr muß eine neue Aufspülung mit ca. 1 Million cbm stattfinden, weil etwas höhere Fluten wieder vor Mauer und Dünen stehen. Dies Verfahren läßt sich aus Kostengründen nicht vor der gesamten Küste anwenden. Da man aber billigere und trotzdem wirkungsvolle Methoden noch nicht kennt, muß man der Natur freien Lauf lassen. Schockieren wir mit der Frage, ob uns Sylt erhalten bleibt? Kann man sich vorstellen, daß es diese Insel mit ihren Dünen, dem

Strand und Watt einmal nicht mehr geben wird? Wir nicht. Tatsache aber ist, daß hier pro Jahr etwa 1 m abbricht; bei der letzten Sturmflut waren es sogar 10 m. Selbst an der Festlandsseite der Insel haben die Gezeitenströmungen im flachen Wattenmeer sich etwa 100 Meter Land in den letzten 50 Jahren geholt. Wir machen uns ein wenig Sorgen, zumal auch die früher als Allheilmittel gepriesenen Stahlbuhnen heute mit großem Aufwand wieder entfernt werden. Ihre einzige Wirkung besteht darin, die Badegäste unnötig zu gefährden. Jedenfalls können sie nicht verhindern, daß die Strände immer kleiner werden.

Wir haben bisher nur von Verlusten gesprochen. Gibt es denn keine Landgewinnung mehr als Ausgleich? Doch — bekannt sind ja z. B. am Hindenburgdamm die Lahnungsfelder. Das sind kleine Wälle, die früher aus Holz und heute mehr aus Beton fächerförmig ins Wattenmeer hinausgetrieben werden. Mit jeder Flut, also zweimal in 24 Stunden und 50 Minuten, zieht das graugefärbte Wasser in die 400 × 200 m großen Felder. Aus ihnen kann es bei Ebbe nur langsam wieder abfließen, so daß es die wertvollen Bestandteile des neuen Bodens, Pflanzen, Muscheln, Tiere und Sand, nicht wieder mitreißt. Schon nach wenigen Wochen ist die Landerhöhung erkennbar. Wenn diese Sedimente 60 cm hoch sind, taucht die erste Salzwasserpflanze auf, der Queller, der Pionier der Landgewinnung. Ihm folgt meist das Andelgras. Wollte man zu beiden Seiten des Hindenburgdammes intensiv Lahnungsfelder bauen, könnte man spätestens in 30 Jahren Sylt bei Morsum-Kliff erreichen. Man könnte also die Insel vom Festland aus erobern. Aber, wie würde sich dann die arme Deutsche Bundesbahn ärgern! Sie verlöre ihr größtes Geschäft des Jahrhunderts. Wenn sie überall in roten Zahlen fährt, zwischen Niebüll und Westerland fährt sie endlich einmal in schwarzen. Gönnen wir es ihr, und erhalten Sylt seinen Charakter als Insel! Anders als bei unseren Vorfahren dienen solche Lahnungsfelder ohnehin nicht mehr der Landgewinnung, sondern wirklich nur dem Schutz der dahinterliegenden Deiche. Man hat nämlich erkannt, daß die Wellenhöhe abnimmt, je flacher das Wasser ist. Deshalb versucht man überall, das Vorland zu erhöhen. Wo das nicht möglich ist, müssen die Deiche wegen stärkeren Wellenangriffs noch stabiler gebaut werden.

Das gilt u. a. für die Schutzwerke an der

Elbe, die ja weniger Vorland, aber dafür um so dichter besiedeltes Hinterland haben. Seit der Katastrophe unternehmen die Hamburger mit Unterstützung des Bundes alles zum Schutze der Stadt. Die gesamte Deichverteidigungslinie umfaßt eine Länge von 96 km. Sie besteht aus 8—10 m hohen Deichen, deren Krone 1,50 m breit ist. Für den Ernstfall sind überall 7 m breite Straßen angelegt mit einem ausreichenden Lagerstreifen für Verteidigungsmaterial. Die alten Deiche sind in die zweite Linie gerückt und erfüllen doppelte Schutzfunktion. Trotzdem sind nicht alle Gebiete hermetisch abzuriegeln, weil viele Betriebe wie Werften und Lagerhäuser auf direkte Verbindung zum Wasser angewiesen sind. Zur Zeit hilft man sich noch mit großen Toren, die bei Gefahr geschlossen werden können. Da diese Anlagen jedoch den Kaibetrieb erheblich behindern, plant man irgendwo in der Elbe ein riesiges Sperrwerk, durch das wohl alle Schiffe passen müssen, mit dem man aber bei einer schweren Sturmflut die gesamte Elbe zuschließen kann. Noch allerdings weiß man nicht, wie das in allen Einzelheiten möglich sein soll und schon gar nicht, welche Folgen das für die Ökologie der Unterelbe hätte. Jedenfalls will man eine Katastrophe wie

1962 um jeden Preis vermeiden — und hat dafür bisher über 800 Millionen verbaut. Aber das ist nicht alles: Weitere 332 Millionen DM sind nötig, um der Stadt den nach heutigem Wissen besten Schutz zu geben.

Auch in Schleswig-Holstein steht noch lange nicht alles zum Besten. In Nordfriesland entsprechen noch etwa 100 km der Deichlinie nicht den Anforderungen wirklich verheerender Fluten. Entweder sind sie zu steil zur See- oder zur Landseite, oder sie sind nicht hoch genug. Aber wie hoch soll man denn bauen? Es weiß doch niemand, wie hoch die „Jahrhundertflut" auflaufen wird. So ist die eigentliche Konsequenz ziemlich bitter: Wir warten auf die nächste schwere Sturmflut, bestaunen ihre Wasserstände und erhöhen die Deiche wieder ein kleines Stück — nach der Katastrophe! Doch eines können wir vorher: Alle Schutzwerke auf die Maße bringen, von denen die Fachleute behaupten, daß sie nach heutigem Wissen eigentlich ausreichen müßten, damit wir uns wenigstens sicher fühlen. Dazu braucht Schleswig-Holstein noch 888 Millionen DM. Dann sind alle Schutzmaßnahmen des Generalplans erfüllt, einschließlich der Vorhaben an der Ostseeküste. Für die gesamte deutsche Nordseeküste werden 2,5 Milliarden.benötigt. Deichschutz, Inselschutz, Küstenschutz überhaupt ist Landesschutz! Auch das gehört zur Verteidigung unserer Heimat; nicht nur die militärische Sicherheit, die mit 23 Milliarden zu Buche schlägt. Wir wollen das nicht kritisieren — im Gegenteil. Wir stellen gern heraus, daß mit diesem Geld ja der Frieden durch die Bundeswehr als Abschreckung erhalten bleibt. Aber genauso ist es an unserer Küste. Was wäre wohl gewesen, wenn am 3. Januar 1976 in Nordfriesland, in Dithmarschen, im Hamburger Raum oder Kehdinger Land Tausende ertrunken wären? Dann hätte man nämlich die Frage gestellt, warum 23 Jahre nach der „Hollandflut", 14 Jahre nach der „Überraschungsflut" diese deutsche Nordseeküste immer noch nicht gesichert gewesen ist. Aus technischen Gründen hätte man es schaffen können. Der Generalplan ist im Dezember 1963 verabschiedet worden. Man hatte ihm eine Zeit gegeben von 15 Jahren. Das war das späteste. Einige sprachen damals sogar von nur 10 Jahren. 15 Jahre — die sind abgelaufen. Aber 1976 hieß es nach der Flut: „Wir brauchen noch bis 1985." Darauf hoffen wir. Doch dieses heißt mit anderen Worten, daß ca. 100 Millionen jedes Jahr mindestens zur Verfügung gestellt werden müssen für diese Arbeit, wenn man den Zeitplan annähernd einhalten will. Werden die Bundesmittel für den Küstenschutz weiterhin gestrichen, brauchen wir vielleicht noch 20 Jahre für unsere Sicherheit. Wer will für diese Zeit die Verantwortung übernehmen? Kann man denn nicht mit gezielten Strukturmaßnahmen erst die Not im eigenen Vaterland beseitigen? Wir sind der Meinung, 2,5 Milliarden Mark sind nicht zuviel Geld, wenn es um die Sicherheit der Menschen an unserer Küste geht.

23. 3. Januar 1976:
Das aufgewühlte Wattenmeer
am Hindenburgdamm.

Flutkatastrophe 1976

Vierzehn Jahre hatte unser Land Zeit, das Leben in der Marsch sicherer zu gestalten. Aber wegen fehlender Finanzmittel reichte diese Zeit nicht aus, der tosenden Nordsee von List bis in die Elbmarschen hinein mit einem geschlossenen, massiven Bollwerk zu trotzen. Dazu bestand auch keine Veranlassung: Die auffällige Häufung bemerkenswerter Sturmfluten in den letzten Jahren beängstigte niemanden. Hatten doch die 6 höchsten Fluten zusammen nur ein Sechstel des Schadens von 1962 verursacht! Doch als die Erfüllung des Generalplanes schon in Sicht kam und damit die größtmögliche Sicherheit greifbar nahe schien, bewies die Nordsee mit der Kraft einer ungebändigten Naturgewalt, daß extreme Spitzenwerte jederzeit möglich sind und sich deshalb bei den Betroffenen das Gefühl endgültiger Bezwingung der Sturmflut von selbst verbietet.

3. Januar 1976: Die Sturmflut mit einem Wasserstand von 5,66 m am Pegel Husum, von 6,45 m in St. Pauli, die höchste Flut seit Menschengedenken! Als erste Reaktion sprach man von der „Jahrhundertflut", man sprach von der „Jahrtausendflut" — wir wissen nur, daß wir Glück hatten.

Entfesselte Naturgewalten im Wattenmeer. Zum erstenmal in 49 Jahren war der Hindenburgdamm so schwer angeschlagen, daß der Verkehr eingestellt werden mußte. Das Gleis war schon fast freigelegt; an der Blockstation auf dem Damm spülte das Wasser hoch (Bild 23). Der Zug erreichte Westerland nicht mehr. Er blieb in Morsum hängen, nachdem das Wasser vom Wattenmeer durchgebrochen war. Die Verbindung mit dem Festland war unterbrochen: man saß festgenagelt auf Sylt, in Westerland, wo über die Uferpromenade haushoch Fontänen spritzten (Bild 24), das Wasser die Stadt bedrohte. Und nicht nur die Stadt. Wie in Höhe des Hauses „Brandenburg" in Westerland bestand auch bei Dikjen-Deel die Gefahr, daß die Insel zerreißt! Oder im Muscheltal am Hörnumer Unterfeuer. Bild 25 zeigt eine dort weggerissene Dünenkette. Das Wasser lief frei auf die Insel. Bedroht war auch der nördlichste Zipfel Deutschlands, der Ellenbogen bei List. Vom Wattenmeer war das Wasser durchgedrungen;

24. Die Uferpromenade in Westerland beim Höhepunkt der Flut.

10 m gingen an der Strandhalle verloren. Die Gemeinden, deren Kuranlagen zerschlagen wurden, mußten oft, wie z. B. Wenningstedt, mehr als eine halbe Million DM aus eigenen Etatmitteln aufbringen, um die Anlagen wieder aufzubauen. Insgesamt büßte die Insel bis zu 700 000 cbm Sand ein. Diese starken Uferabbrüche rühren daher, daß die Westküste Sylts nicht durch Außensände geschützt ist wie z. B. Amrum und Föhr, an deren sandigen Küsten nur verhältnismäßig unbedeutende Schäden entstanden. Bei Sturmfluten laufen hohe Wellen direkt auf den Strand, branden gegen Kliffs und Dünen, schlagen Löcher und graben so lange eine Kehle, bis die überhängenden Teile herunterfallen. Keine Einladung zu einer beschaulichen Verschnaufpause enthält das Bild 26. Die Bank stand vor der Flut 10 m vom Kliff entfernt. Diese 10 Meter sind bei der Flut verlorengegangen. Das Größenverhältnis des gesamten Inselabbruchs scheint jetzt verständlich.

Der Damm erlitt in voller Länge an der steilen Kleidecke oberhalb des Basaltdeckwerks starke Ausschläge, nördlich des Hindenburgdammes kolkte die Außenböschung am Ende des Dreieckskooges aus. Hier ist an einer Rampe ein Loch von 3 m Tiefe und mehr als 70 m Länge entstanden. Der kümmerliche Deich zwischen dem Damm und der Grenze ist zu steil. Wenn er gebrochen wäre, hätte die Nordsee bis nach Niebüll vordringen können. Der Gotteskoog in diesem Gebiet liegt teilweise unter dem Meeresspiegel. Hier wäre das Wasser nicht einmal mehr abgelaufen. Insgesamt waren etwa 10 000 Menschen bedroht. Welch Glück, daß der Deich bei Rodenäs „nur" schwer angeschlagen war!

Und die Dänen? Sie brachten das Kunststück fertig, in kurzer Zeit 20 000 Menschen aus den Räumen Tondern, Ripen und Hoyer zu evakuieren. Wenn aber ein Staat so viele Bürger von der Nordseeküste Richtung Ostsee fahren muß, dann ist das ein Beweis dafür, wie ernst die Situation am 3. Januar '76 war. Wo gab es schon so etwas? Ein Fischkutter auf der Anlegemole (Bild 28), fotografiert im Hafen von Havneby auf Röm. Die Dänen hatten Angst. Es ging bei ihnen um Zentimeter, bei Hoyer, bei Ballum.

Glück hatten auch wir, etwa in der Hattstedter Marsch. Auf voller Länge strömte das Meer über den Deich. Dabei rutschte die Innenböschung bis zur Mitte der Deichkrone 700 m lang ab. Das Land liegt hier unter dem Meeresspiegel. Nicht auszudenken, was

25. Dünendurchbruch im Muscheltal bei Hörnum.
Das Wasser lief frei auf die Insel.
Hörnum ist nach wie vor stark gefährdet.

26. Links eine Bank
am Roten Kliff.
Am Tag vorher
stand sie 10 m
von der Kante
entfernt.

27. Das Tetra-
podenlängswerk
in Hörnum hat sich
nicht bewährt!
Sandverluste
dahinter kenn-
zeichnen hier die
bedrohliche Lage.

28. Der Orkan hat einen Fischkutter
auf die Anlegemole geschleudert (Havneby auf Röm).

29. Bei dieser Sturmflut erneut schwer bedroht:
die Insel Pellworm.
Der Blohmsche Gasthof war vom Wasser eingeschlossen.

Minuten später an der B 5 bei Husum passiert wäre!

Dann die Insel Nordstrand: Deckwerksschäden auf 1000 m Länge am Norderhafen, weil der Deich zu steil gebaut worden war. Bis an den Sandkern riß die See über mannstiefe Löcher. Zwei Drittel aller Deiche überspült, Frauen, Kinder und Vieh aus dem Elisabeth-Sophien-Koog hinausgebracht: Visionen wurden wach. Ertranken hier nicht 6408 Menschen in einer Nacht? Da ist es doch kein Wunder, wenn diese Menschen darum bitten, endlich im Schutze eines wehrhaften Deiches wohnen zu können!

Auf Pellworm sind noch 12 Kilometer eines Deiches zu verstärken, der zwar hoch genug, aber zu steil ist. Er war hoch genug — das wurde die Rettung. Das Wasser schwappte zwar über den Schutzwall, aber es kam zu keinem Deichbruch. Der stellvertretende Bürgermeister hat die Aufnahmen 29 und 30 gemacht. Sie sollen werben für baldige Sicherheit. Man braucht dazu nicht viele Kommentare zu geben. Die Bilder beweisen, daß die Nordsee nicht nur Häuser, sondern auch Menschen bedroht. Wir wissen jetzt, daß die Nordsee uns bezwingen kann. In Nordfriesland und an der Küste sind die Menschen nachdenklicher geworden.

Die größte Gefahr eines Deichbruches bestand für den nördlichen Küstenabschnitt im Westerheverkoog. 1000 m lang war der Deich aufgerissen, zerstört. Seine Krone lag beträchtlich unter den Forderungen des Generalplanes. Bis in die Mitte Eiderstedts hätte sich das Wasser ergießen können. Von allen Seiten. Aber es ging gut, trotz der nicht erhöhten und abgeflachten Deiche an der Eidermündung. Hier hatte man versäumt, Deichverteidigungsstraßen zu bauen. So konnte ein Kammbruch (Bild 31) nicht verhindert werden. In Süderhöft bei St. Peter-Ording gelang es in letzter Minute, eine 50 m breite Schadstelle, wo die Deichkrone um 2 m zusammengesackt war, zu schließen, bevor die Kraft des einschießenden Wassers die Bruchstelle immer weiter vergrößerte. Tausende organisierter Helfer standen bereit und verhinderten mit 150 000 Sandsäcken eine wirkliche Katastrophe.

Nicht so glimpflich kam der Süden unseres Landes davon. Nordfriesland und Dithmarschen sind durch Sturmfluten schon seit jeher verschieden gefährdet gewesen. Aber wäh-

30. Der gefährdete Pellwormer Seedeich auf dem Höhepunkt der Flut.

31. Überflutete
Wellen verursachten
einen Kammbruch
im Grothusenkoog.

32. Zum ersten Mal in der Geschichte des Christianskooges
hielt der Deich nicht stand. Der Koog mußte geräumt werden.

rend früher im Norden weites Land unterging, Menschen und Kultur versanken, haben sich die größeren Gefahrenstellen in der modernen Zeit nach Süden verlagert. Dafür sind Inseln und Halligen als Wellenbrecher, aber auch die Windverhältnisse verantwortlich. In Nordfriesland galten nämlich nur die nach Nordwest geöffneten Buchten als kritische Punkte; in Dithmarschen hingegen wehte der Sturm vorherrschend aus West, so daß alle Küstenabschnitte den anbrandenden Wassermassen voll ausgesetzt waren. So konnte es z. B. zu den schweren Schäden im Christianskoog kommen, der sonst immer im Schutz von Büsum gelegen hatte. Andererseits verhinderte der anhaltende Westwind noch höhere Wasserstände in der Elbe, die bei Nordweststurm unweigerlich eingetreten wären. Aber die Schäden waren hier wegen des enormen Rückstaus und zu geringer Deichhöhen ohnehin schon viel zu groß.

Am schwersten betroffen wurde die Haseldorfer Marsch im Kreis Pinneberg, wo sich zeitweilig über 80 Menschen in akuter Lebensgefahr befanden. Das Wasser bedeckte hier eine Fläche von 40 qkm, nachdem die Deiche an 6 Stellen aufgebrochen waren. 800 Einwohner mehrerer Ortschaften waren

von der Außenwelt abgeschnitten, mußten aus der Luft versorgt oder in Notunterkünfte evakuiert werden. Mehrere Deichbrüche standen zwischen Nordhusen und Hermannshof bei Brunsbüttel unmittelbar bevor, nachdem Außenböschung und Krone fast völlig zerstört waren.

Verschont blieben allerdings die von Sperrwerken abgesicherten Niederungen, und auch die modernen Deiche hielten dem Druck ausnahmslos stand. Nur, wo die Schutzwerke ihre Sollhöhe nicht erreicht hatten oder noch nicht genügend abgeflacht waren, blieb ihr Widerstand unzulänglich. So wurden etwa 7 km Deiche in Schleswig-Holstein so schwer beschädigt, daß ihre Ausbesserung einem Neubau gleichkam. Weitere 9 km wurden lediglich instand gesetzt, weil eine spätere Vordeichung geplant ist. 23 km Deiche verzeichneten kleinere Schäden. Damit sind insgesamt nur 39 Kilometer nahezu durchweg älterer Deiche beschädigt worden. 1962 waren es immerhin noch 270 km! Ein Beweis, wie richtig der Generalplan und wie notwendig seine baldige Erfüllung ist. Fast

33. Besonders
in Mitleidenschaft gezogen:
die Haseldorfer Marsch.

30 Millionen DM Schäden an Privatvermögen, 47 Millionen DM für die Küstenschutzanlagen mußten dennoch aufgewendet werden. Aber mit jedem weiteren Damm- oder Deichneubau sinken diese Zahlen — vorausgesetzt, die kommenden Sturmfluten sprengen nicht die Dimension der Flut, die als die höchste ein ganzes Land in Atem hielt.

Nur einen Tag vorher kündigte sich die Sturmflut an durch ein Tief, das sich westlich von Irland bildete und unter Verstärkung nach Mitteljütland verlagerte. In dieser Luft-Mischmaschine wurden Tropen- und Polarluftmassen mit einer Temperaturdifferenz von 25° C miteinander verwirbelt. Äußerst rasch entwickelte sich die Wetterlage: Bereits am Morgen des 3. Januar war aus der Zyklone ein Orkanwirbel geworden, an dessen Südseite über der Deutschen Bucht maximale Windgeschwindigkeiten bis zu 150 km/h, d. h. in Böen Windstärke 14 Bft., gemessen worden sind. Bemerkenswert ist dabei die weit südlich verlaufende Zugbahn des Tiefs. Sie bewirkte, daß der Wind in Nordfriesland schon vor Eintritt des höchsten Wasserstandes und im Süden erst um diese HHW-Zeit herum auf NW-Richtung drehte. So wehte der Wind südlich der Eider fast während der ganzen Sturmflut aus Westen. Ferner ist die Tatsache bedeutungsvoll, daß am 1. Januar Neumond war, so daß die Flut mit Springwasserständen an unserer Küste zusammentraf. Ohne sie wären die Fluthöhen an allen Pegeln etwa 20 bis 30 cm niedriger geblieben. Daran sieht man, daß mehrere Faktoren gemeinsam wirken müssen, damit eine ernste Gefahr möglich ist. Fallen diese Bedingungen jedoch in einem eng begrenzten Zeitraum zu einer ungünstigen Kombination zusammen, ist die Wirkung um so verheerender. Wirkliche Spitzen treten dann nur explosionsartig auf, d. h. je höher eine Sturmflut aufläuft, desto kürzer ist die Zeitspanne einer bedrohlichen Gefährdung. Das beweist jedenfalls die Erfahrung, und so zeigt auch der Auszug einer vom Amt für Land- und Wasserwirtschaft in Husum veröffentlichten Skizze 7 den Ablauf der Sturmflut. Wie der dargestellten Ganglinie des Pegels Husum zu entnehmen ist, führte der Sturm in den frühen Vormittagsstunden des 3. Januar zu einem unglaublich schnell ansteigenden Windstau auf die Westküste, der sein Maximum gegen 10 Uhr mit 4,83 m über dem astronomischen Gezeitenwasserstand erreichte. Deshalb fiel die Tidekurve ab 5.30 Uhr fast nicht mehr und stieg bereits um 7.30 Uhr steil an. Zu dem Zeitpunkt lag sie nur 50 cm unter dem vorausberechneten Tidehochwasser. Dieses aber war vom DHI erst auf 15.08 Uhr festgelegt worden. Um 7.20 Uhr trafen bei den zuständigen Dienststellen die ersten Telegramme des Deutschen Hydrographischen Instituts ein. Der Wasserbeobachtungsdienst warnte vor einer Sturmfluthöhe bis zu 3,50 m ü. MThw. Das bedeutete: Bewährungsprobe für Schutzbauten, Führungskräfte und Männer „an der Front". Indes — die Nordsee stieg höher. Es sollte noch schlimmer kommen.

Bereits in den frühen Morgenstunden werden viele durch den stärker aufkommenden Sturm geweckt. Während des Melkens flackert schon einige Male das Licht, für Augenblicke erlöscht es ganz. Man schafft die Arbeit gerade noch. Dann, gegen 8 Uhr, fällt der Strom völlig aus: Rund 20 km von der See entfernt ist das Heider Umspannwerk funktionsunfähig geworden. So sehr hat der Sturm Salzwasser ins Binnenland gesprüht. Über Kofferradio hört Peter Maaßen, Bürgermeister von Nordermeldorf, die ersten Orkanmeldungen mit konkreten Sturmflutwarnungen. Um 10.30 Uhr fährt er an den Deich. Das Wasser brodelt

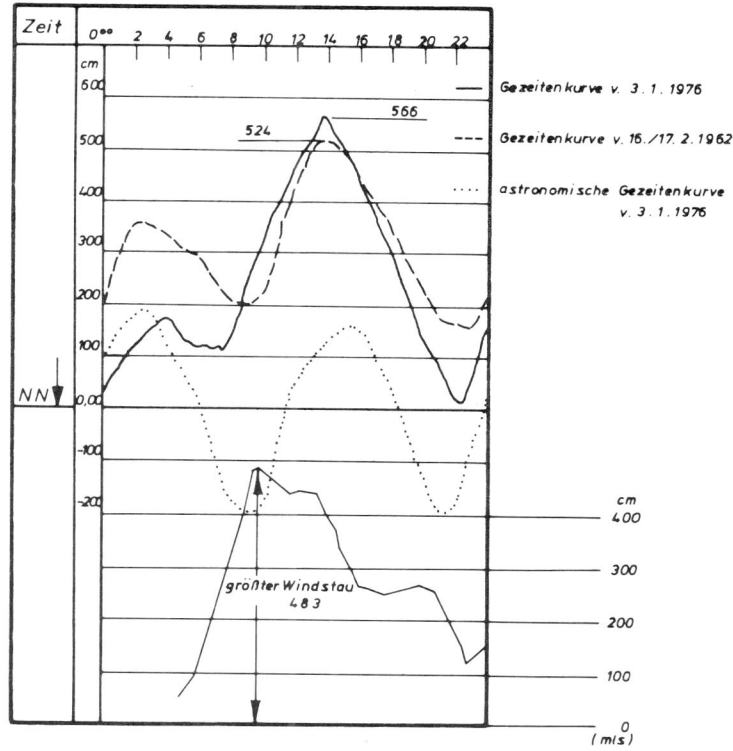

Skizze 7:
Ablauf der Sturmflut am 3. 1. 1976, aufgezeichnet am Pegel Husum

schon am Deichfuß, und erst in dreieinhalb Stunden soll Hochwasser sein! Wird das gutgehen? Die Situation ist kritisch. Um 11.15 Uhr bekommt er einen Anruf vom Amt Meldorf-Land: Der Katastrophenabwehrleiter des Kreises hat Voralarm gegeben. Daraufhin benachrichtigt er sofort den Gemeindewehrführer, der gerade dabei ist, mit einem Teil seiner Wehr auszurücken, um Hilfe zu leisten. Auch bei ihm hat es nämlich schon Schadensmeldungen gegeben. Und dann bekommt noch der Dorfschmied Bescheid, daß er das Magnophon bereithalten soll.

Dabei handelt es sich um ein transportables Gerät zum Auslösen von Katastrophenalarm. Es wird mit einer Kohlensäurefüllung betrieben und immer eingesetzt, wenn die elektrischen Sirenen wegen Stromausfalls nicht in Betrieb genommen werden können. Nach der 62er-Flut hatte man das Magnophon angeschafft. Bei einer Funktionsüberprüfung im Oktober 1975 stellte man schließlich fest, daß überhaupt keine Kohlensäure vorhanden war. Ob jemand geahnt hat, daß das Gerät nur ein Vierteljahr später zum Einsatz kommen sollte?

Um 11.45 Uhr ist es soweit: Meldorf-Land gibt Vollalarm! Der Bürgermeister von Nordermeldorf löst mit dem Magnophon Katastrophenalarm aus. Doch das Ventil von der Kohlensäureflasche vereist laufend, und so kommt kein Dauerton von einer Minute zustande. Aber die Bevölkerung begreift trotzdem den Ernst der Lage. Und die Feuerwehrmänner sind ohnehin schon angetreten und sofort zur Stelle. Busunternehmer zur Evakuierung des Christianskooges werden benachrichtigt. Die Wagen haben sich bei der Gastwirtschaft „Zur Nordsee" einzufinden. Dort hat sich der örtliche Krisenstab eingerichtet. Es dauert lange, bis die Busse eintreffen; sie fahren noch im Linienverkehr. Das Landesamt für Zivilschutz und Katastrophenabwehr informiert die Bevölkerung über den Rundfunk. Genau eine Stunde nach dem Alarm beginnt dann die Räumung des Kooges. Je ein ortskundiger Mann wird mitgeschickt, damit ja kein Haus vergessen wird. Voraus fahren Einsatzwagen der Polizei. „Achtung! Achtung! Hier spricht die Polizei! Es ist Katastrophen-Alarm ausgelöst. Es besteht die Gefahr von Deichbrüchen. Verlassen Sie den Koog! Fahrzeuge zur Räumung stehen bereit. — Achtung! Achtung! Hier spricht die Polizei!"

Der Augenblick einer schweren Entscheidung ist gekommen. Nicht alle sind bereit zu kapitulieren. Wer der Aufforderung folgt, hat Tränen in den Augen. Kranke, Alte, Frauen und Kinder werden abgefahren. Auffangstelle ist die Hauptschule in Meldorf. Ohne Licht und Heizung werden die Evakuierten dort vom DRK betreut. Ein Teil kommt bei Bekannten und Verwandten in der Umgebung unter. Die Bauern aber weichen keinen Schritt vom Hof: Ihr Vieh steht noch in den Ställen.

Inzwischen kann man sich dem Deich schon fast nicht mehr nähern. Der ganze Schutzwall ist eine Schaum- und Wasserfront. In voller Länge flutet die Nordsee an der Innenseite herunter. Die Wellen wühlen sich ins Erdreich, fressen Löcher in den Deich. Sandig-braun färbt sich der spritzende Gischt. Höchste Eile ist geboten. Dann fällt ganz langsam der Wasserstand. Ist das Schlimmste vorüber? Trotzdem soll das Vieh abtransportiert werden. Bauern mit Frauen und Helfern haben schon zur Eigeninitiative gegriffen. Aber mit kleinen Fahrzeugen bringt das nicht viel. Von Amts wegen werden die entsprechenden Fuhrunternehmer mit Spezialfahrzeugen benachrichtigt. Doch sie können nicht anrücken, weil die Fahrer der Lkw's an den Deichen

kämpfen und erst mühevoll gesucht werden müssen.

Was den Verantwortlichen immer wieder zu schaffen macht: Die Telefonleitungen sind derart überlastet und gestört, daß man sich nur durch Direktabsprachen verständigen kann, wenn man nicht über Funk verfügt. So muß Bürgermeister Maaßen als Mitglied des örtlichen Krisenstabes den ganzen Koog immer wieder mit dem Auto abfahren. Wertvolle Zeit geht dabei verloren.

Irgendwann sickert dann die Meldung durch: Der Deich ist gebrochen! Jetzt wissen die Männer, warum der Wasserstand an einigen Stellen leicht abgesunken ist. Zum erstenmal in der Geschichte des Kooges hat der „blanke Hans" den schützenden Erdwall zerschlagen, sichergeglaubtes Menschenwerk ist von vernichtendem Untergang bedroht. Millionen Kubikmeter Meerwasser brodeln durch die Lücke im Deich, schießen in die Gräben und überfluten das flache Land. Schnell sucht sich das Wasser die tiefliegenden Gebiete. Deshalb sind Häuser in einigen hundert Metern Entfernung vom Deich nicht unmittelbar gefährdet. Aber der Deich ist an seiner Bruchstelle nicht zu halten. Sandsäcke werden herbeigeschafft, in die Löcher geworfen, von der nächsten wütenden Welle einfach weggespült. 1300 Rinder und 400 Schweine warten geduldig auf Rettung vor dem Ertrinkungstod. Dann kommen endlich die ersten Lastkraftwagen. Sie werden nach der Dringlichkeit zu den tiefgelegenen Höfen beordert. Das Wasser steigt zusehends. Die Fahrer sehen von der Straße nur noch die Begrenzungspfähle. Doch es geht alles gut. Feuerwehrmänner und andere Freiwillige verladen das Vieh zügig. Es gibt keine Komplikationen. Bis auf die Schweine. Die Ferkel würden, aus einem warmen Stall kommend, den Kälteschock nicht überstehen.

Doch wohin mit den geborgenen Tieren? Für das Milchvieh werden Ställe gebraucht, die eine Melkanlage besitzen. Dürftig werden sie in Notunterkünften für eine Nacht untergebracht, irgendwo im Osten, weg von der Nordsee. In der Zwischenzeit erfährt das ganze Land durch Rundfunk-Sondermeldungen: „Im Christianskoog ist der Deich gebrochen. Ein Teil des Kooges ist vollgelaufen. Häuser stehen unter Wasser. Die vollständige Räumung ist im Gang." Am späten Abend sind alle Tiere gerettet. Die erste Schlacht ist geschlagen. Doch der Kampf geht weiter. Als am nächsten Morgen überall die Glocken zum Dankgottesdienst rufen, können viele nicht dabei sein. Die Sturmflut ist vorüber; aber an den wehrlos gewordenen Deichen fängt jetzt die wichtigste Arbeit erst an.

Der Kreis Pinneberg evakuiert die Bewohner der Haseldorfer Marsch. Mit Rettungshubschraubern werden 55 Personen, die der Aufforderung zur Räumung nicht nachgekommen sind, aus Lebensgefahr gerettet. In Nordfriesland werden Teilevakuierungen am Cecilienkoog, in Sankt Peter-Ording und im Grothusenkoog an der Südküste der Halbinsel Eiderstedt durchgeführt. Der Katastrophenalarm in den frühen Mittagsstunden dieses Januartages ruft insgesamt 16 423 Feuerwehrmänner, 5500 Bundeswehrangehörige, 3213 Polizisten, 1404 Helfer des Technischen Hilfswerks, 860 des DRK, 292 des Arbeiter-Samariter-Bundes, 115 Bundesgrenzschutzbeamte sowie 24 Angehörige der Johanniter-Unfall-Hilfe auf den Plan. Tausende freiwilliger Helfer kämpfen bis zum 23. Januar. Dann erst ist die Gefahr endgültig gebannt. Die Kraft des ganzen Landes wird mobilisiert, um, noch während der Orkan tobt, durch erste Aufräumungsarbeiten im Wettlauf mit der Tide schlimmere Schäden zu verhüten. Wie wichtig es ist, die Sicherungsarbeiten mit Nachdruck voranzutreiben, beweist die Nacht zum 21. Januar.

Das Azorenhoch hat sich noch nicht aufgelöst. Der Zustrom warmer Tropikluft hält an. Wieder rollt eine schwere Sturmflut gegen die Küste. Alle sind verunsichert: Die Katastrophenflut haftet noch mit Einzelheiten im Gedächtnis. Vorsichtshalber dürfen die Wasserstandsmeldungen nicht zu nierig sein. So gibt das DHI noch höhere Prognosen als am 3. Januar. Daraufhin werden erneut einzelne Köge geräumt. In einer unheimlichen Nacht, in deren Dunkel man — anders als vor 2 Wochen — nicht sehen kann, wenn das Wasser kommt, bläht sich der ganze technische Apparat zur Abwehr einer Katastrophe schon wieder auf. Männer werden alarmiert, fahren mit dem Pkw hinter den schützenden Sommerdeich und warten dort stundenlang auf einen Einsatzbefehl. Zurück in der Nacht bleiben in Einzelhöfen hinter dem Seedeich die Frauen, ohne Strom, der wieder ausfällt, und ohne Fluchtmöglichkeit, dafür aber mit kleinen Kindern und der bangen Hoffnung, das blinde Vertrauen der Verantwortlichen in die Wehrfähigkeit moderner Deiche möge nicht bestraft werden. Der Zeitgewinn, der

dadurch entsteht, daß man eine organisierte Einheit bereits Stunden vor ihrem Einsatz zusammenzieht, steht in keinem Verhältnis zu der Gefahr, der man die mittellos dastehenden Bewohner eines nahezu geräumten und damit leichtsinnig aufgegebenen Kooges aussetzt. Aber dieser kleine Schönheitsfehler — so geschehen in Eiderstedt — bleibt ohne Folgen. Und sonst klappt alles vorbildlich. Was sich am Ende abzeichnet, ist die in der Rangfolge nach 1962 dritthöchste Sturmflut aller denkbaren Zeiten! Was wäre gewesen, wenn die Schadstellen noch nicht beseitigt worden wären?

So aber hat sich die Wirksamkeit der auf dem Gebiet des Katastrophenschutzes getroffenen Regelungen und Planungen bestätigt. Alle organisierten und freiwilligen Verbände haben ihre Bereitschaft, ihren Willen und ihre Einsatzkraft tatkräftig und eindrucksvoll unter Beweis gestellt. Während Millionenwerte in Schlamm und Wasser versinken, die Nordsee Existenzen bedroht, wissen die Betroffenen, daß ihr Unglück gegenüber früheren Jahrhunderten menschlicher geworden ist. Sie sind nicht mehr allein: Der Schutz vor Sturmfluten ist zu einer Aufgabe des ganzen Landes geworden.

Das wissen die Menschen an der Küste. Und sie sind dankbar für die Landesschutzdeiche, hinter denen sie sich geborgen fühlen; nicht unbedingt so sicher wie die Familie, die direkt hinter dem Außendeich die Katastrophe buchstäblich „verschläft". Festzuhalten ist aber dennoch, daß am 3. Januar viele Eiderstedter, wo wir anschließend eine Befragung durchgeführt haben, den ganzen Tag lang von einer Gefahr überhaupt nichts merkten. Die Luftschutzsirenen funktionieren bei Stromausfall erst gar nicht, oder ihr Alarm ist in der dem Sturm zugekehrten Richtung schon in einer Entfernung von 150 m nicht mehr wahrzunehmen. Außerdem besteht der Katastrophenalarm aus der wenig glücklichen Kombination von Feueralarm und Entwarnung, was sich leider auch noch nicht bis in die letzte Stube herumgesprochen hat. Hoffentlich erweist sich das neue Signal „Radio einschalten" als wirkungsvoller. Jedenfalls gibt es für eine ganze Reihe von Menschen von vornherein keinen Grund, sich am 3. Januar nicht sicher zu fühlen. Sie wissen diesseits der Deiche am Tage der Flut zuweilen gar nicht, daß auf der anderen Seite die höchste Sturmflut in der Geschichte des Landes tobt.

Wie groß das Sicherheitsbewußtsein hinter einem modernen Deich ist, beweist die Serie wohlgemeinter telefonischer Anfragen „aus dem Hinterland". Besorgt erkundigt man sich über die persönliche Situation von Bekannten und Verwandten. Wer dabei in einen generalplangesicherten Koog gerät, wundert sich über die Ruhe seines Gesprächspartners: „Wir erleben nicht unsere erste Sturmflut. Ob das Wasser nun 5 m oder gar 5,60 m hoch steigt, ist uns egal. Wenn wir bei jeder Sturmflut Angst hätten, dürften wir nicht an der Westküste leben!"

Also: Die Sturmflut am 3. Januar 1976 war — abgesehen von wenigen echten Schadstellen — nicht so gefährlich, wie sie von Unbeteiligten „auf der hohen Geest" verstanden wurde. Natürlich haben die Küstenbewohner erkannt, daß Fluten solcher Höhe jederzeit möglich sind; sie wissen aber auch, daß sie gern kommen dürfen, wenn die Landesschutzdeiche vollständig gebaut sind. Gibt es dann noch eine Flut, die die Westküste bedrohlich gefährdet, ist es gut, daß wir das heute noch nicht wissen. Naturgewalten lassen sich nicht vorhersehen, und die betroffene Bevölkerung will sich mit einer übertriebenen Sorge um so ein zufälliges Ereignis nicht selbst die Ruhe nehmen.

Gibt es die „Jahrhundertflut"?

Schleswig-Holsteins Westküste — geprägt von rauhem Klima, fetten Marschweiden und reichen Bauern, immer in Sorge um Leben und Gut, seit Beginn der Besiedlung im Kampf, die Nordsee zu bändigen, die Sandbänke angreift, Sände versetzt, Wattströme schafft, Inseln bedroht und ein Land gefährdet. So war es auch im Januar 1976. Und doch erlebten wir nicht die „Jahrhundertflut", weil der Bemessungswasserstand zumindest in Nordfriesland an keiner Stelle erreicht oder überschritten wurde (s. Skizze 8). Nördlich des Hindenburgdammes lief die Flut mehr als 30 cm höher auf als 1962 und im südlichen Nordfriesland sogar 70 cm. In der Meldorfer Bucht schließlich wurde der gegenwärtige theoretische Wasserstandsgrenzwert an zwei Pegeln erreicht. Wieviel Pegel müssen davon betroffen sein, damit man eindeutig von der „Jahrhundertflut" sprechen kann? Auch ist dieser Grenzwert nicht „natürlich", sondern das Ergebnis unserer wissenschaftlichen Modellversuche. Gelangen wir eines Tages dabei zu anderen Resultaten, setzen wir — wie vor Jahren schon einmal — die Obergrenze höher fest und sorgen so selbst dafür, daß es

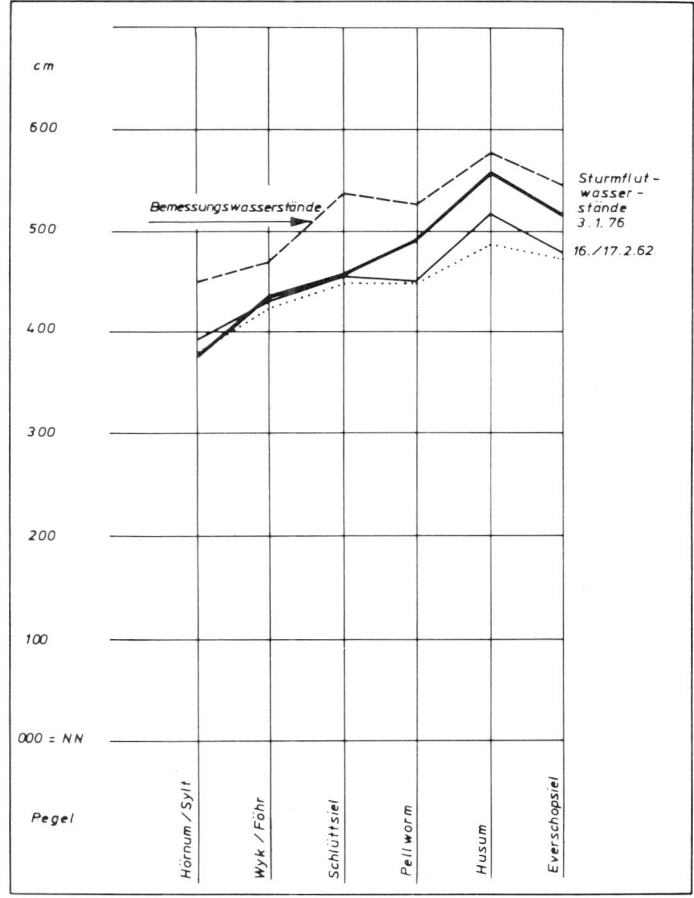

Skizze 8: Bemessungswasserstände und erreichte Wasserstände der Sturmfluten am 16./17. 2. 1962 und am 3. 1. 1976 an verschiedenen Pegeln Nordfrieslands.

in diesem Jahrhundert die befürchtete Sturmflut, zumindest per Definition, nicht mehr gibt. Eine solche Wortspielerei kann jedoch nicht in unserem Interesse liegen; andererseits müssen sich alle im klaren darüber sein, daß den konkreten Aussagen einer Klassifikation nach Häufigkeiten, wie es derzeit geschieht, Grenzen gesetzt sind.

Der kritische Hochwasserstand am 3. Januar 1976 lag z. B. so dicht an der „Jahrhundertflut", daß seine Eintrittswahrscheinlichkeit auf einmal in 75 Jahren berechnet war. Um so erstaunlicher ist die Tatsache, daß in der Nacht zum 21. Januar eine neue schwere Sturmflut unsere Westküste heimsuchte. Ihre Fluthöhe — sie ist in der Abbildung punktiert — erreichte an einigen Pegeln die Werte vom 3. Januar. Damit bleibt die Tatsache bestehen, daß die Sicherheitsgrenze unserer Deiche durch die Definition der „Jahrhundertsturmflut" recht dicht tangiert ist; denn nach mathematischer Logik kann sich diese Flut jederzeit, und jederzeit auch ein zweites Mal, ereignen. Die Vorstellung, die genannten Bemessungswasserstände erfaßten die obere Grenze des physikalisch überhaupt Möglichen, erweist sich also als wissenschaftlich haltloser Optimismus.

Das hätten uns beinahe schon die Januarfluten gezeigt. Aber der Windstau ließ am 3. Januar zwischen 13 und 14 Uhr merklich nach und fiel deshalb glücklicherweise mit seinem Maximum nicht in die Zeit des vorausberechneten Tidehochwassers. Wäre der höchste Sturmflutwasserstand nicht 1,5 Stunden zu früh registriert worden, hätte er eine Dimension angenommen, die mit Sicherheit die maßgebenden Werte der „Jahrhundertflut" überschritten hätte, zumal der Wasserstand in Husum ohnehin nur 14 cm darunter lag. Keine drei Wochen später hätte eine weniger hohe Flut zur „Jahrhundertflut" werden können; daß das nicht geschah, verdanken wir der Katastrophenabwehr und Deichverteidigung. Hier offenbart sich erneut eine Schwierigkeit: Soll man auch den angerichteten Schaden in die Definition aufnehmen? Dann dürfen wir in der Tat beruhigt sein. Nach gegenwärtigem Ermessen wird es, wenn erst der Generalplan erfüllt ist, keine Flutschäden mehr geben, von denen ein ganzes Jahrhundert spricht. Da das ohnehin nur bei extremen Flutwasserständen möglich ist, sollten wir dabei bleiben, allein die Höhe als Einteilungskriterium zu benutzen. Dann müssen wir allerdings wissen, daß es die „Jahrhundertflut" wirklich gibt. Schon 1962 hätte sie uns nämlich überrollen können:

Damals wurden westlich von Jütland Windgeschwindigkeiten bis 30 m/s gemessen. In der Deutschen Bucht hingegen lagen die Windgeschwindigkeiten nur bei 22 bis 25 m/s. Sie waren bei uns also nicht extrem hoch. Allein schon durch stauwirksamere Verteilung der Windenergie hätte es höhere Wasserstände geben müssen. Wenn zusätzlich der Sturm stärker gewesen wäre, hätten wir die Jahrhundertflut bereits hinter uns; denn bei Windgeschwindigkeiten von 29 m/s über der Deutschen Bucht ergibt sich bei gezielterer Verteilung der Energie für Hamburg ein Wasserstand von schlimmstenfalls 6,70 m. Erhöht sich jedoch die Windgeschwindigkeit — und das nur um 2 m/s — steigt der Wasserstand in Hamburg unter sonst gleichen Bedingungen immerhin auf NN + 7,00 m, d. h. der Wasserstand reagiert äußerst empfindlich auf Änderungen der Windgeschwindigkeit.

Und das ist noch nicht alles. Schließlich hatten wir keine Springflut und mit etwa 1000 cbm/s auch kein besonders hohes Oberwasser in der Elbe. Wären seinerzeit die Schutzanlagen hoch genug gewesen, wäre das Wasser am Pegel von St. Pauli obendrein nur deshalb fast 40 cm höher geklettert, anstatt bei 5,70 m über die Deiche zu strömen. Das alles läßt keinen Zweifel aufkommen: Wir müssen auf noch höhere Wasserstände vorbereitet sein.

Für diese Gefahr muß man vor allem das Wettergeschehen verantwortlich machen. In seiner Gesamtheit bedingt es die Abweichungen vom astronomischen Gezeitenverlauf. In früheren Jahrzehnten bereitete die hydromechanische Vorausberechnung einer individuellen Sturmflut wegen der Unkenntnis der ungünstigsten meteorologischen Zusammenhänge große Schwierigkeiten. Heute hingegen verfügen wir über kausale Einsichten. Dadurch ist die wissenschaftliche Grundlagenforschung imstande, die Ursachen von Sturmfluten physikalisch zu analysieren und wiederum den Sturmflutwasserstand irgendeines Küstenortes als Funktion der Einzelursachen genau zu bestimmen. Theoretisch wäre somit der Nachweis möglich, ob ein Grenzwert existiert.

Praktische Versuche sind in der Folgezeit auch nicht ausgeblieben. Aber während Schelling 1952 noch schreiben konnte, „daß der für Husum mit 5,50 m NN ermittelte Höchstwasserstand in historischer Zeit nicht überschritten worden ist und daß z. Z.

keine Anzeichen zu erkennen sind, die auf eine mögliche Überschreitung in absehbarer Zukunft hinweisen"[1], haben sich die Prognosen seit den teils dramatischen Ereignissen der letzten Jahre grundlegend geändert. Der „maßgebende Sturmflutwasserstand" erhielt in der Zwischenzeit einen neuen Namen und wurde als „Bemessungswasserstand" für Husum auf 5,80 m NN geschraubt. Er wurde bisher noch nicht überschritten; dennoch sind sich die Experten einig, damit noch nicht der Weisheit letzten Schluß gefunden zu haben, weil sie einfach nicht über ausreichend lange Meßreihen für die meteorologischen Grundlagen verfügen. Die Beobachtungszeit seit dem 19. Jahrhundert erfaßt schließlich nur einen Teil der atmosphärischen Möglichkeiten. Zwar ist der morphologische Grundzug sturmfluterzeugender Wetterlagen immer der gleiche; aber die meteorologischen Parameter in ihrer großen Variationsbreite sind immer in anderen Kombinationen vorhanden.

Einen guten Einblick darin vermittelt allein eine Untersuchung der Windverhältnisse, die einen von vielen flutbegünstigenden Faktoren darstellen[2]. Der Wind gehört zu den besonderen Kennzeichen des schleswig-holsteinischen Klimas. Er weht täglich, u. zw. an der Westküste mit 7,0 m/s = Stärke 4 Bft. im Jahresmittel. Der Monat mit der bisher höchsten Windgeschwindigkeit ist durchaus nicht der Januar 1976 oder der Februar 1962, der ein Mittel aufwies von von nur 9,1 m/s, sondern es sind die beiden Märzmonate 1967 mit 10,4 und 1968 mit 10,2 sowie Oktober 1967 mit 10,6 m/s. In diesen Monaten hatte der Wind in List täglich mit einer Stärke von 5 bis 6 Bft. im Mittel geweht.

Stürme sind an der Nordseeküste keineswegs eine Seltenheit. So verging von 1950 kein Jahr ohne eine Böe von 30 m/s und mehr. Es lohnt sich also, Sturmfluten im Hinblick auf ihre Windverhältnisse zu untersuchen. Dazu wurden die folgenden Tabellen gegenübergestellt:

[1] Schelling, H.: Die Sturmfluten an der Westküste von Schleswig-Holstein unter besonderer Berücksichtigung der Verhältnisse am Pegel Husum. Die Küste 1, Heft 1. 1952. S. 142.
[2] Nach Angaben des Deutschen Wetterdienstes, Schleswig.

Höchste Tagesmittel der Windgeschwindigkeit aus West seit 1950	
Datum	*m/s*
16. 2. 62	18,8
3. 1. 76	18,7
17. 10. 67	18,6
23. 2. 67	18,4
14. 12. 73	18,2
1. 10. 69	18,2
19. 11. 73	18,1
17. 11. 71	18,1
17. 2. 62	17,4
13. 11. 73	17,3
2. 11. 65	17,3
12. 2. 62	17,2
7. 10. 75	17,2

Höchste Andauerzeiten von Windstundenmitteln aus West seit 1950				
Datum	8	9	10	11 *Bft.*
16. 2. 62	25	8	9	0
23. 2. 67	22	11	6	1
19. 11. 73	22	4	0	0
1. 10. 69	20	0	0	0
4. 12. 67	18	0	0	0
20. 1. 76	17	3	0	0
17. 11. 71	17	1	0	0
17. 10. 67	16	9	2	2
2. 11. 65	16	7	0	0
23. 5. 66	16	6	0	0
26. 1. 75	16	2	0	0
4. 12. 67	15	0	0	0
30. 7. 56	15	0	0	0

In beiden Tabellen steht die 62er-Flut an erster Stelle. Trotzdem vereinigt sie nicht alle ungünstigen Windverhältnisse in sich, da sie bekanntlich nicht die absolut höchste bisher bekannte Windgeschwindigkeit erreichte. Außerdem ist zu beachten, daß die Rangfolge in der 2. Tabelle sich nach der Zahl der Stunden mit Windstärke 8 Bft. richtet. Im Grunde genommen sind also die Sturmfluten vom 23. 2. 67 und 17. 10. 67 als bemerkenswerte Eintagssturmwetterlagen als gefährlicher aus der Sicht ihrer Windverhältnisse einzustufen. Zum Glück fielen damals Hochwasserzeiten mit höchsten Windgeschwindigkeiten u. flutstaubegünstigenden Richtungen nicht zusammen.

Auffallend ist das Fehlen der höchsten Sturmflut vom 3. Januar '76 in der zweiten Tabelle. Der Sturm dauerte nur 12 Stunden an, so daß er bei weitem nicht mehr zu den 13 zeitlich ausgedehntesten Stürmen seit 1950 gehört. Dafür erreichte er — seine Energie auf relativ kurze Zeit zusammengedrängt — eine außerordentlich hohe Durchschnittsgeschwindigkeit. Die dritthöchste bekannte Sturmflut vom 20./21. 1. 76 hingegen dauerte verhältnismäßig lange; der Sturm erreichte jedoch keine bedeutende Geschwindigkeit. Wären die notwendigen fluterzeugenden Parameter in ihren bereits gemessenen ungünstigsten Werten räumlich und zeitlich zusammengetroffen, so wäre der Bemessungswasserstand allein im Januar 1976 innerhalb von nur 17 Tagen gleich zweimal von einer richtigen „Jahrhundertsturmflut" überschritten worden. Doch das ist eben Zufall — und darauf vertrauen die Menschen.

Verliert jedoch der Zufall als Begriff nicht seine Definition, wenn er in auffallend massiver Häufung auftritt? Wird er dadurch nicht schon zum Gesetz? Es ist ja nahezu so, daß wir von Zufall sprechen können, wieder einmal einer schweren Sturmflut knapp entgangen zu sein, wie etwa am 12. November des vergangenen Jahres.

Damals schreckten am frühen Morgen Sturmböen und Warnungen die Küstenbevölkerung auf; für die neuralgischen Punkte, sprich: nicht genügend verstärkten Deichstrecken bestand erneut höchste Gefahr. Doch wieder hatte die Natur ein Einsehen: Der starke Westwind flaute vor dem Höchstwasserstand ab. So wurde aus der DHI-Ankündigung von bis zu 4 m über MThw lediglich ein Pegelstand von 2,88 m, und ganz Nordfriesland atmete auf; denn die Katastrophe fand nicht statt.

Oder — wer erinnert sich nicht an den Heiligabend 1977, der mit orkanartigem Sturm an der Nordseeküste zum mahnenden Datum hätte werden können? Oder an die durch Zustrom warmer Luft bedingten Stürme zum Beginn des Jahres 1978? Die nächsthöhere Sturmflut kommt ganz „wahrscheinlich", zumal Indizien dafür bekannt sind, daß die „meteorologische Umwelt" der Nordsee sich grundlegend verändert haben könnte in einer Richtung auf Extremereignisse, die schwerste Sturmfluten begünstigen.

Nun sind Klimaschwankungen an sich nichts Bedrohliches, weil sie häufig verzeichnet werden. Die Annahme ist durchaus berechtigt, daß die gegenwärtige Erwärmung — wie es die Erfahrung lehrt — eines Tages wieder von einer kühleren Periode abgelöst wird. Deshalb ist nicht einzusehen, weshalb die Sturmfluten irgendwann in der Zukunft nicht weniger häufig und hoch und damit weniger gefährlich für die Westküste Schleswig-Holsteins und Hamburg auflaufen werden. Nur — wann wird das sein? Und liegen die Ursachen nicht vielleicht tiefer? Wir produzieren ja stündlich mit Abgasen aller Art eine Dunstschicht, die die Erdausstrahlung abfängt und zur Erwärmung führt, um nur eine von gewiß vielen Möglichkeiten zu nennen.

Wenn also der konkrete Einzelfall einer noch höheren Sturmflut auf einem „Zufall" beruht, den es bisher nicht gegeben hat — absolut beruhigen darf es uns nicht. Wer hinter dem Deich lebt und schafft, muß wissen, daß die Nordsee immer Gefahren birgt. Andererseits ist eine Deichsicherheit durch Ausnutzen aller technischen Erkenntnisse auch für die ferne Zukunft hinter die augenblickliche Standfestigkeit zurückzustellen. Das gilt trotz allen Respekts vor dem Bemühen, die „Zufälle" der Natur vorausschauend zu ergründen; letzten Endes darf nämlich niemand vergessen, was er schützen will und welchen Aufwand er dazu für vertretbar hält. Für uns, die wir erkannt haben, daß die neuen Deiche noch einiges an zusätzlicher Beanspruchung verkraften können, bedeutet dies, daß wir die geplanten und zur Zeit durchgeführten Küstenschutzvorhaben zügig und in der bewährten Form abzuschließen haben. Dabei darf die Fertigstellung der Neubaumaßnahmen nicht wegen der Erhaltung von Wattflächen behindert werden!

Auch, wenn der Generalplan erfüllt ist, wird es so sein, daß ein begrenztes Risiko an der Westküste Schleswig-Holsteins bleibt. Das jedoch sind die Menschen bereit zu tragen; und sie wissen genau: Solange die Lehren der vergangenen 16 Jahre nicht vergessen werden, solange die Wachsamkeit auch in Zeiten geringerer Sturmfluttätigkeit nie nachläßt, ist bald für Generationen ein Maß an Sicherheit erreicht, wie Schleswig-Holstein es bisher nicht gekannt hat.

Wir trotzen der Nordsee!
Die „Jahrhundertflut" kann kommen...
Trutz, blanke Hans!

Literaturnachweis

Bütow, H.: Die große Flut in Hamburg. Eine Chronik der Katastrophe vom Februar 1962. Hamburg o. J.

Die großen Sturmfluten 1962 und 1976 an der schleswig-holsteinischen Westküste, 2. Aufl., Husum 1977.

Dittmer, E.: Die nacheiszeitliche Entwicklung der schleswig-holsteinischen Westküste. Meyniana 1, 1952, S. 138—168;

Hansen, Chr. P.: Chronik der friesischen Uthlande. Erstdruck Garding 1877. S. 103—124.

Peters, L. C. (Hrsg.): Nordfriesland. Heimatbuch für die Kreise Husum und Südtondern. 1929 (Neudruck Kiel 1975). S. 576—594;

Petersen, Marcus u. Rohde, Hans: Sturmflut. Die großen Fluten an den Küsten Schleswig-Holsteins und in der Elbe. Neumünster 1977.

Prügel, H.: Die Sturmflutschäden an der schleswig-holsteinischen Westküste in ihrer meteorologischen und morphologischen Abhängigkeit. Schr. d. Geogr. Inst. d. Univ. Kiel, Bd. 11, Heft 3, 1942;

Rohde, H.: Die Häufigkeit hoher Wasserstände an der Westküste von Schleswig-Holstein, in: Die Küste, Jahrgang 12, 1964, S. 86—112;

Siefert, W.: Erste Erfahrungen mit einem neuen Sturmflut-Vorhersageverfahren. Mitteilungen des Franzius-Instituts f. Wasserbau und Küsteningenieurwesen der Technischen Universität Hannover, Heft 40, 1974.

Trauthig, Th. u. Autorenteam: Sturmflut-Katastrophe Februar 1962. Stade-Buxtehude 1962.

Woebcken, C.: Deiche und Sturmfluten an der deutschen Nordseeküste. Bremen 1924.

Abbildungsnachweis

Fotos: Kai Uwe v. Hassel 3, Broder Jensen 28, Kuster 26, Gerd Lauritzen 2, Thies Martensen 29, 30, Quast 15, Knut Schröder 5, alle anderen Aufnahmen von Uwe Sönnichsen.

Skizzen: Amt für Land- und Wasserwirtschaft Husum; der Minister für Ernährung, Landwirtschaft u. Forsten des Landes Schleswig-Holstein; Autoren.

Inhaltsverzeichnis

In unserem Verlag ist außerdem erschienen:

Die großen Sturmfluten
1962 und 1976
an der schleswig-holsteinischen
Westküste

2. Aufl., 64 Seiten mit zahlreichen Abb., br., DM 6,—

Dieses Heft berichtet über die großen Sturmfluten von 1962 und
1976, schildert, wie die Menschen an der Küste gegen die Gefahren des „blanken Hans", der Nordsee, wehren und wie es zu
diesen Gefahren kommt.

HUSUM DRUCK- UND VERLAGSGESELLSCHAFT
Nordbahnhofstraße 2, Postfach 1480, 2250 Husum